STYLE FOREVER

The Grown-Up Guide to Looking Fabulous

Alyson Walsh
Leo Greenfield

风格之书

写给所有年龄段女性的美丽秘诀

〔英〕艾莉森·沃尔什 著 〔英〕利奥·格林菲尔德 绘

钱昊旻 译

重庆大学出版社

目 录

前 言

来认识下FAB（Fifty And Beyond，50岁及以上）一代

岁月不会永驻。时光永远在流逝。我始终不明白，为什么女性在过了生孩子的那个年龄段会被忽视，就像上一季人手必备的大热包包一样被丢在一旁。我现在51岁，我对年轻嫩模的磨皮照片和逆生长的名人精修图片没有兴趣。我不会使劲折腾自己的脸，我宁愿让它保持真实而不是显得年轻却古怪。跟我有同样想法的人还有很多。有这样一群女性，她们独立、富有智慧，乐于成为她们原本该有的样子。她们对逆龄生长、愈发年轻的模特并不买账，她们同样不会承担如此装扮而带来的压力。她们不会向虚假的照片妥协，她们更愿意看到与她们相似的同类人。这类模特的年龄自然增长（或者至少看上去是），她们的样貌美好而真实，这与“看上去很年轻”并不一样。这就是FAB（Fifty And Beyond，50岁及以上）的一代人。

从20世纪60年代开始，时尚领域就对年轻人异常执着，但好在情况逐渐发生转变。我们终于在广告、网络和社交媒体中看到更多美丽成熟的女性。谢天谢地！50岁以上的人可算在时尚领域有了一些声音。经过Menoforce的时候，我感到一阵潮热。

时尚偏爱一时的潮流风尚，这种风气早已在时尚产业中存在长达数十年，我不会因为个别品牌采用大龄模特而感到满足，但我确实认为这一态度上的转变是正确的。

*Harper's Bazaar*的编辑贾斯汀·皮卡迪（Justine Picardie）认为：“这不是一闪而过的趋势，各品牌经过细致的调研，已经意识到他们的核心客户是40岁左右的女性，很多情况下是超过50岁的女性扮演着核心客户的角色，她们富有、经济独立、成熟稳重，并且不会迁就夸张的广告营销”。

作为时装编辑，在大部分职业生涯中我都在捍卫与支持FAB一代。在*Good House-*

keeping（我知道这不是一本专业的时尚杂志，但它的内容也不全是食谱和教你如何去除污渍）杂志任职七年之后，我渴望成为自由职业者。我后来在大学里做兼职讲师，并为一些网站长期供稿。靠着在新闻学院获得的学术学位以及零星的经验，我居然在网络上成了权威人士。我那会儿甚至都不知道什么是博客，但我会努力去学习和探索。我趁着一个暑假的间隙，建立了自己的博客，*That's Not My Age*，一方面要领先于学生们，另一方面是因为在众多博客中，多一个风格和蔼、有趣、不过分谄媚的博客，让人们可以讨论关于中年人群的时尚。在我弄明白如何正确地编辑内容时，我开始爱上社交媒体了。网络把与我年纪相仿又有趣的女性联系在一起，这感觉真的棒极了。

FAB一代们更长寿，我们坚持锻炼，细心地照顾自己，并且很在意自己的外貌。变老不再仅仅是年龄的增长，自我印象也不再是原来的含义。当你在滚石乐队（The Rolling Stones）或者性手枪乐队（Sex Pistols）的现场疯狂摇摆、甩头的时候，你的穿着打扮与严苛的时尚准则背道而驰，你穿着它们仅仅是愉悦你自己，这也是穿搭范畴的一部分。女人持续关注时尚和潮流趋势并不会让身体停止生长和老去。“她们与*Harper's Bazaar*的读者是同一批人”，贾斯汀·皮卡迪这么说，“而且这一群体的体量与价值无法再让各种机构对她们熟视无睹。她们中许多人以女权主义者自居，当然她们同样对时尚感兴趣，这两个属性并不互相排斥。因此她们很可能对带有强势而年长女性的广告及社论抱有认同。总而言之，这一巨大的改善是积极而正面的。”

“年轻。年长。文字而已。”

——乔治·伯恩斯（George Burns）

社交网络在这一改变中起着至关重要的作用，编辑博客提供了一个教导和展示的平台，并且在传统媒体平台之外提供了更多选择。更容易获得的信息和24小时在线购物不过是智能手机强大功能的冰山一角。现在你可以在任何时间购买你喜欢的任何物品，并展示给全世界。中年女性在网络上的声音越来越大——这就是我们的样子，我们就是喜欢这样的穿着打扮，好好看看吧。然而我们已经在推特上发现，这会导致我们不得不与由此引起的反应相抗衡。“服装是有真正力量的，时尚也是如此，”*Matches Fashion*的联合创始人露丝·查普曼（Ruth Chapman）提出这样的观点：“我认为我们不该被限制，我们的可能性和潜力是无限的。对自己年龄和风格自信的女性有一种独一无二的吸引力”。

这一新风情让我想起来戴安娜·弗里兰（Diana Vreeland）。这位著名时装编辑崇尚多样化，她鼓励女性打破常规，她让芭芭拉·史翠珊（Barbara Streisand）标志性的鼻子和劳伦·赫顿（Lauren Hutton）露出牙缝的微笑成为20世纪60年代美国版*Vogue*杂志的独特标志。启用多元化的模特以跳出常

规，在那个时代可谓是一个充满创意的先见之举，再加上史翠珊那极具说服力的观点，让她成为20世纪的时尚圈中最具影响力的女性之一。直到现在我还能感受到其独特魅力所产生的影响。艺术家苏·克雷兹曼（Sue Kreitzman）称之为老淑女革命。FAB一代推动社交媒体更加包容，让中年女性也能得到关注。老人是新一代的（也是更为有趣的）年轻人。

我通过我的博客*That's Not My Age*开始讲述中年人的风格。我开始分享意见和灵感，结识其他的FAB女性；我们谈笑风生。我有时候怀疑自己是否在网络上也产生了中年危机，但那就是我40多岁时的生活。我很高兴我到了这个岁数。我坚信不是只有年轻才能有自己的风格。风格与年龄没有关系，你的观念才是决定因素。这本书会继续与那些我钟爱的女性潮流倡导者们对话。她们中有模特、时尚领域专家和用自身的观念和成就启发我的女性。愿你风格永存。

我认为年幼化（infantalisation）是我们这个时代的社会问题之一。人们想在50岁的时候看起来像35岁，这不禁让我思考其中的原因。为什么不能在50岁就是50岁的样子，然后做好自己呢？

—— 艾玛·汤普森（Emma Thompson）

年龄大了也可以尝试

1

丝绸睡衣

2

豹纹

3

怪异的太阳镜

4

爆款运动鞋

5

新唇膏

6

牛仔裤

[详见第26页艾瑞斯·阿普菲尔（Iris Apfel）]

7

普拉提

8

怀旧风

（即便不是真的老物品也没关系，可以是你的一件旧物）

9

吊坠耳饰

10

摇滚和趴体

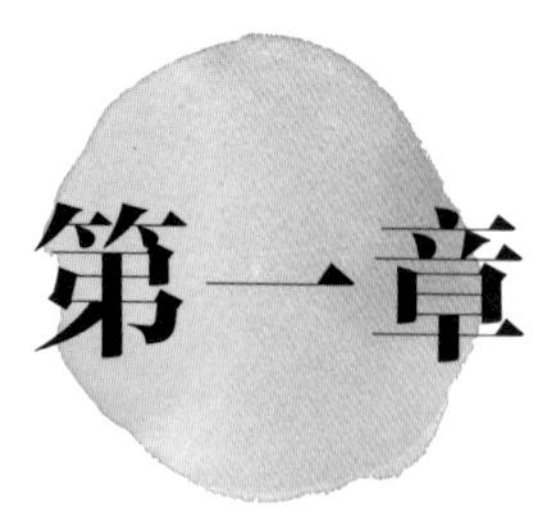

第一章

风格的元素

接受真实的自己，接受自己已经略有松弛的肌肤，接受年龄的增长。虽然我在十多年前便不再抱有这样的想法，但是我在人生的前39年里都觉得自己很惨。真是可怜，单身，没有孩子，没有像*Elle Decoration*杂志中出现的那种明亮、有着完美木地板的房子。但我曾经活在梦里。作为一本优秀杂志的时尚编辑，我的日常工作包括大片跟拍——有些拍摄地点在国外，与品牌公关们喝着廉价香槟，与诸如娜杰拉·劳森（Nigella Lawson）和亚思密·勒·邦（Yasmin Le Bon）这样迷人的女性会面并呈现给读者。月月如此，无一例外。你懂得吧，就是这些内容让特里尼和苏珊娜（Trinny & Susannah）火起来的，只不过用我自己的话说，这些内容更潮而不激进。经过多年不断地打扮忠实读者、朋友和家人（不是我的家人，大多数情况是我助理的母亲，她也想尝试一下精致生活），我知道所有穿搭的秘籍与技巧。我知道哪些方法有效，哪些无效，以及如何鼓励人们拍照——请他们喝一杯即可。据被特里尼和苏珊娜做过造型的人所说，一个端庄的发型和恰到好处的妆容就可以胜任大部分场合。再配上正确的服装——正确的服装当然不是那种过于浮夸过于前卫时尚的服装——我对正确服装的理解是：无关乎价格、年龄和社会阶层，每位女性穿上都会美丽迷人。

如同FAB一代都清楚的那样，注重服装的剪裁、廓形和各种细节能让你长期受益。我在后面列出来了（不全是关于时尚的，还有些别的内容）。

合身最重要

这些是值得投入资金去购买的时尚单品：一件得体的夹克、精良的鞋履以及合适

的内衣。我不会在这里继续深入讨论内衣，如果你想要我的建议，去买点优雅的法式内衣，并且定期替换（我简直就像戴安娜·弗里兰）。不管怎么说，当我还是时装学生的时候，我在布莱德福德的一家男士西服工厂工作了六个月。虽然不像伊夫·圣·洛朗（Yves Saint Laurent）创作吸烟装那样，但我至少在这里学到了许多制作成衣的剪裁技法和工序。我同样学到了不要一大早和库房小伙儿一起喝果酒，毕竟凌晨四点本来就困得不行了。

通过比较剪裁手艺的好坏，你就能发现钱花在了什么地方。廉价夹克永远都是廉价夹克，虽然有的时候看起来还好，但在面料和剪裁上多投入一些总是值得的。凯瑟琳·萨金特（Kathryn Sargent）是萨维尔街的唯一一位女性裁缝，她在Gieves & Hawkes品牌学习了15年，最近她刚刚搬到了附近的一间店，开始她自己的定制生意。

通过对男装定制业务的学习，凯瑟琳开始为自己制作服装，以便接待客户时穿着打扮更利落。通过测试不同版型，她改变了很多夹克的款式和廓形，很快她的男性客户就把她介绍给他们的妻子和女同事：她们有的是公司CEO，银行家和法律行业中的精英女性。他们都很欣赏萨维尔街定制业务的悠久历史，以及英伦面料的精致美丽。有次我们在凯瑟琳位于伦敦的样衣间碰面，她向我讲述如何通过剪裁和细节改变夹克的造型。她从挂杆上拉起一件件样品来详细讲述裁片和结构中间的微妙差别。尽管这里距离布莱德福德的男装工厂非常遥远，我们喝的是咖啡而不是啤酒，但服装制作的基本原则是一样的。

对于偏爱凸显气质的休闲穿衣风格的人而言，这种漂亮的夹克可以搭配牛仔裤和T-shirt来应对商务场景，同时可以避免刻板沉闷的造型。别忘了一切风潮流向南方的时候，这样一家优雅、独具格调的服装定制店可以稍微把控一下结构，并掩盖一下糟糕的中世纪风情。

虽然不能百分之百保证，但我知道无论何种价位，肩部的合身程度是最值得关注的。一位优秀的裁缝师可以提升成衣的销量。袖子长度是个人偏好的选择，有人喜欢袖口处于拇指根部（这种设计便于卷起袖子），还有人喜欢稍短的袖子，以便让衬衫露出一小截。夹克的长度根据穿着者身体的不同而改变。“男友风”轻便外套可以完美地遮盖各种体型，如果你身材曲线傲人或者胸部丰满，这么穿则有可能变成半修身风格。短款无领的小码服装更适合于娇小体型或者梨形身材。

“根据体型的不同，”凯瑟琳补充道，“我的体型并不完美，所以我想让不完美的地方藏在衣服下面。选什么样的服装取决于你的目的，比如想突出身体曲线，或者打造中性造型。”

比例、协调、均衡

已故教授露易丝·威尔逊（Louise Wilson）曾是伦敦中央圣马丁学院硕士课程的负责人，她同样是一位杰出的导师，亚历山大·麦昆（Alexander McQueen）、洛克山大·埃琳西克（Roksanda Ilincic）和克里斯托弗·凯恩（Christopher Kane）等英国知名设计师都曾是她的学生，除此以外，她还是一位掌控比例的大师。她是一位身材壮硕的女性，我相信露易丝不介意我这么描述她。我刚搬到伦敦的时候我和她曾在同一家T-shirt品牌工作，我还记得每当公司同事过生日的时候，她用洪亮的声音对着电话另一头说把蛋糕送到设计部门。露易丝是位不折不扣的时尚专家，她总是穿着一身黑色。露易丝有一张经典的照片，是她被授予大英帝国官佐勋章时与丈夫蒂米（Timmy）一起拍的。她穿着饰有刺绣的及膝丝质和服式夹克、九分休闲裤及短靴，无比庄严美丽。

好了，尽管这是一个再明显不过的事实，但很抱歉我依然要说；虽然我知道你最不需要的就是糟糕的时装编辑给你的建议，但时装搭配有一条最基本的法则。一般来说，宽松的上装更适合搭配修身的下装或紧身裙，而宽松的下装（阔腿裤或A字形半裙）适合搭配利落的上装。毕竟没人愿意打扮成出演《别假正经》（*Stop Making Sense*）的大卫·伯恩（David Byrne）那种风格。这位摇滚艺术家曾解释过穿着那套浅褐色大廓形西服的用意，“我想让我的脑袋看上去小一点，最简单的方法就是在视觉上让我的身体变得更大。”真是够了。

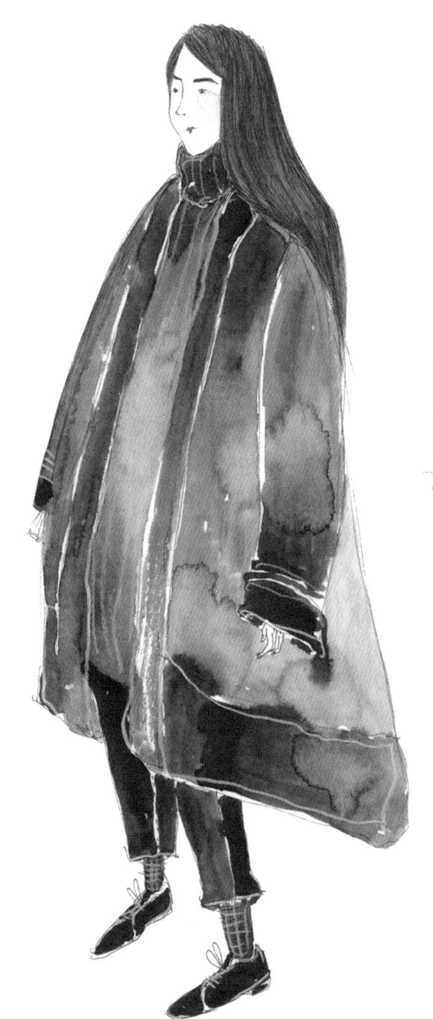

怎么才能走波西米亚风而不是打扮成流浪汉（我是不是太老驾驭不了怀旧风？）

我曾经偷偷住过一次空闲的屋子，穿着破破烂烂的二手服装，并剪了头发，但我不会把这种装扮称为波西米亚风格。相反我会说这是一个叛逆学生。那么究竟什么才是波西米亚风格？是显赫的米特福德六姐妹（Mitford sisters）穿着舞裙和惠灵顿长靴在乡间游荡？是留着基斯·理查德（Keith Richards）式乱发的帕蒂·史密斯（Patti Smith）所说的“在人群中砍出一条路”？抑或是20世纪70年代的基斯·理查德自己带着各种药物在每个机场被拦下？是艺术家、作家、音乐家？经过漫长的时间，“波西米亚”一词大多被用来形容那些富有创意的异乡人，他们的生活方式和穿着打扮皆为取悦自己。他们搭乘廉价航空周游世界，并用在旅途中获得的物品和服装搭配出一身独一无二的造型：比如印花图案罩衫搭配饰有刺绣和流苏的佩斯利图案丝巾。起初源于19世纪位于欧洲中心的罗马吉普赛人，波西米亚是一个带有贬义含义的标签，现在在时尚圈却有截然不同的含义。每年夏天，如同帕特里克·利奇菲尔德（Patrick Lichfield）20世纪60年代末期拍摄的塔莉莎·盖蒂（Talitha Getty）那种风格打扮便扑面而来，一同而来的还有廉价的刺绣长袍和上装。虽然我不喜欢如此雷同的风格，但一条好看的沙滩披肩仍然很必要。

20世纪70年代是一个充盈的时代：嬉皮士、朋克、迪斯科、新浪潮都诞生自这一时代。我真希望我能再大一点，多体验一些那个时代。当时的主流时尚拒绝军队制服风、DIY造型、30年代、40年代等风格。伦敦的设计师奥西·克拉克（Ossie Clarke）和西莉亚·波特维尔（Celia Birtwell），巴黎/马拉克什的伊夫·圣·洛朗等设计师却从中寻找灵感。薇薇安·威斯特伍德（Vivienne Westwood）和马肯·麦克拉兰（Malcolm MacLaren）则重新演绎了常与性和痞气相关联的50年代小青年风貌。

70年代经常被排除在潮流之外，但我同意戴安娜·弗里兰对过于完美的品位的观点：“坏品位有时就像一小撮辣椒粉。我们都需要一点点坏品位，它很强烈，有益而且真实。我认为我们可以对此善加利用。没有品位才是我不希望看到的。”

有这样一个关于时尚的流言：一旦你到了一定年纪，怀旧风就不适合你了，这简直是一派胡言。每个人都可以穿戴二手服饰，当然前提是这些物品不会散发出可怕的气味。遵循这一原则可能会把有些备受喜爱而过于老旧

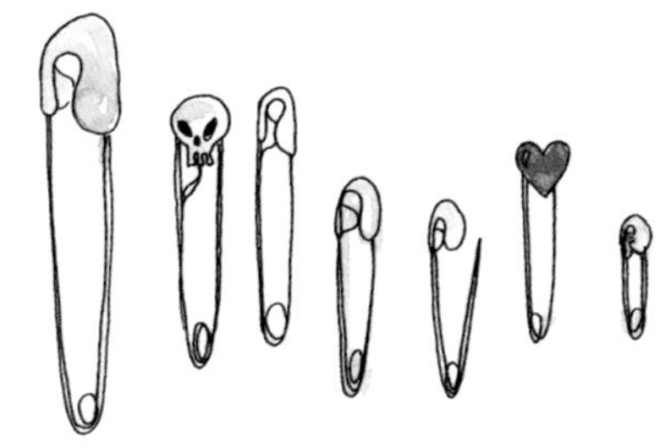

的、真正意义上的古着物品筛除掉。这些服装和配饰经过岁月的洗礼而变得富有价值，它们不禁让你产生一种“最好一直把它们攥在手里”的感觉，不过慈善商店里的现代捐赠品不在其列。尽管如此，我家附近的慈善商店里的货品大都是Primark的T-shirt和*Top Gear*的光盘套装。不，有很多成熟女性可以漂亮地穿搭这种风格：前卫的巴黎造型师凯瑟琳·芭芭（Catherine Baba）、前精品店主理人、演员、《爵士年代时尚：至酷装扮》（*Jazz Age Fashion: Dressed to Kill*）一书的联合作者维吉尼亚·贝茨（Virginia Bates），她总是能用长下摆连衣裙、大衣和夹克搭配出惊艳动人的丰富造型。色彩明亮的毡帽与漂染成金色的波波头造型，搭配串珠项链让无可挑剔的她的面部更加精致。纽约人艾瑞斯·阿普菲尔同样是一位不折不扣的波西米亚风爱好者。这位九十多岁的老太太用一身复杂而华丽的装扮向世人展示她悠久的时尚收藏品，以及她对时装造型的独特理解和品位。大都会博物馆服装学院的院长哈罗德·柯达（Harlod Koda）曾如此评价：“想要驾驭这种风格，必须要有受过训练的视觉品位。”阿普菲尔和她丈夫卡尔运营着自己的室内设计工作室Old World Weavers，持续为住在白宫内的9任总统提供了室内设计和装饰方案。她戴着一副又大又厚的眼镜以及许多饰品，她曾是大都会博物馆展览中的主角；出现在摄影师艾瑞克·柏曼（Eric Boman）为她创作的时装画册《时尚珍品》（*A Rare Bird of Fashion*）中；还曾和电影制作人阿尔伯特·梅索斯（Albert Maysles）合作过纪录片《灰色花园》（*Grey Garden*）。这位“老明星”从十一岁时便收集服装和珠宝，她那时就说过：“我喜欢老物件、古着和看起来老旧的东西，它们特别能衬托我”。

当然，如何打造波西米亚风没有明确的规则，但我还是建议选择造型干净利落的款式，尽量避免繁琐和饰有褶边的款式，以呈现出简洁的廓形。一块平整的帆布可以创造出更加优雅的造型：艾瑞斯·阿普菲尔通常会从宽松的外套（而不是裤子）开始搭配，维吉尼亚·贝茨会选择线条优美、长及地面的礼服长裙，搭配许多精美的高级珠宝，最后以一件令人印象深刻的大衣收尾，如此便是一个完美造型。

高级用色指导

“我为色彩而生，即便在睡梦中也一样。”艺术家苏·克雷兹曼（Sue Kreitzman）曾在我拜访她位于伦敦的住所时如此说道。整个房子就像一个巨大的艺术装置，一个充满世俗气息却富有创意设计品的美术馆。每一面墙都被刷成了红色，并装饰了艺术品和拼贴画，苏创作的雕塑被摆放在每个平面上，每件雕塑的材质都是苏捡来的物品，里面还有模特假人和人偶的头部组件。这里就像一个诡异的藏宝箱，简直棒极了。“随着我年龄的增长，我生活越发多彩，”我们坐在两把红色的扶手座椅上她这么对我说，“我四处旅行，寻找高饱和度和有冲击力的色彩”。她建议我用色彩更明亮的配饰来搭配黑色大衣，“黑

色是很棒的颜色，但需要用其他色彩来点缀。我希望人们可以更大胆一些。”我之前就见过苏了，那时是在伦敦时装学院的一个关于时尚、年龄和文化的研讨会上，我和阿里·塞斯·科恩（Ari Seth Cohen）聊了聊我们的博客，以及网络文化对中老年女性发言权的影响。她和阿里自2009年便成为朋友，当时他在纽约新博物馆外面街拍时拍了她的照片。这位才华横溢的时装搭配大师帮我做了个新造型。她从众多她自己收藏的艺术家劳伦·尚利（Lauren Shanley）做的大衣中挑了一件，并让我搭配许多橡胶材质手镯和一串塑料项链，我就像变成了一位摇滚歌星。苏是一位充满奇思妙想的杰出女性，我很高兴能成为她艺术创作的一部分。

作为一个偏好素净中性的人，我对饱和度没有太多要求。卡其布，单宁布，不同层次的蓝色和灰色是我日常穿着的颜色，尽管我偶尔会穿一下花哨的裤子或荧光粉色的运动鞋（都是些平时很少会去尝试的单品）。克里斯汀·迪奥（Christian Dior）曾说过：“任何造型搭配都不要超过两种颜色。”我总是遵循这一原则。微妙淡雅的色调很容易搭配和穿着，并且在你不想被注意到的时候提供帮助。

“别穿浅褐色的衣服，那会要了你的命”是苏的座右铭。当我了解她是哪里人的时候，我发现他们那里所有人都穿着这种乏味阴郁的面料，加上他们的头发和肤色，所有人看起来都是一个样子。但我很喜欢诸如驼色、烟草色和深棕色之类的暖色调，只要正确地穿着（我想的是羊绒），便可以营造出一种高级感。那该如何评价Burberry的风衣呢，尽管它的设计很经典？“那就是浅褐色，让它见鬼去吧！”，作为FAB一代的苏高呼，“它让我看起来很老气，让我感到不舒服。我对浅褐色有一种天生的恐惧。咖啡，拿铁，无论你怎么形容它，在我看来就是浅褐色，我对这种颜色敬而远之。”

如何正确地穿着浅褐色：

1. 避免偏黄的浅褐色，选择偏暖色调的驼色。有没有觉得好一些了？

2. 用更强烈的颜色搭配驼色，比如红色、黑色、豹纹，或者在冬季的时候全都用上。夏天则搭配松石绿或白色，就是这么简单。

选择天然纤维，如羊绒、羊毛、丝绸、亚麻。避免恼人的人造纤维——你自己都受不了它们。

如何正确地穿着彩色服装而不看起来像个疯狂的女人：

1. 参考蒙德里安（Mondrian）的画作，穿着整块的颜色。黑白配色加上一种主要颜色可以呈现很好的视觉效果。橘色、松石绿和翠绿色同样适合搭配黑色和白色。苏·克雷兹曼建议全黑的搭配，但对于塑料配饰我还是会有节制地使用。

2. 去COS的门店逛逛，看看那些霓虹色如何衬托在海军蓝和灰色背景上的。

3. 从头到脚都保持一种颜色。

4. 成年女性的衣柜里没有颜色平庸服装的位置。太过乏味、太过幼稚、过于老气都不行。渐变单宁布可以给人留下很好的印象。别穿那些浅色衣服了，虽然不会要了你的命，但会让你老20岁。

5. 尝试混搭——有可能会让你看起来很夸张，但也会很漂亮。

叠穿的艺术

叠穿基本就是在一件衣服外再穿一件，我们每天都在做。大多情况是为了保暖，但也可以微妙地改变身体比例。伊林·费雪（Eileen Fisher）建议从好的打底服装开始。也就是说，这位独具格调的美国设计师和叠穿专家建议选择长下摆无袖背心。在此之上搭配稍短的针织上装，下装选择直筒裤或半裙/长裙。这种打底装可以在不经意间盖住胯部从而起到遮挡作用，而不会露出赘肉。我的好朋友，同时也是时尚作家和学者的布伦达·帕兰（Brenda Polan）说过："一件精致的长袖针织体恤衫是我经常推荐的单品，因为你可以在它上面套各种衣服，比如开衫或者夹克背心，如果觉得热了把外面的衣服脱掉就行了。白色或黑色的体恤衫也是不错的打底衫，它们可以搭配任何衣服。"

但是叠穿搭配很容变得不够优雅，甚至变得很邋遢。没人希望看上去很邋遢。纵然目标是不刻意打扮，但出行装扮也应得体讲究和审时度势，不应胡乱堆积。合理地选择颜色，让它们可以互相搭配，比如海军蓝和深灰色，如果你觉得有点朴素可以在打底服装上选择闪亮一点的颜色，或者搭配亮晶晶的配饰。只要叠穿妥当，无论是普通的颈间项链还是华丽的中世纪风格长吊坠都可完美驾驭。其他需要考虑的因素是面料的质量和色彩的统一。质感突出、剪裁考究的天然面料混入一点莱卡纤维以提高悬垂性，并且能比廉价的面料保持更长时间。全身的色彩统一可以更立体地塑造体形。更多搭配参考可以看朱迪·丹奇女爵士（Dame Judi Dench）在《大破天幕杀机》（*Skyfall*）首映礼上的造型（我到现在还不信她真的死了）。叠穿用对了会让你俏皮而时髦；反之，则让你看上去与无家可归的流浪者无异。

最终的装饰：时装配件和其他的装饰品

修饰面部，提升造型的围巾

随着年龄的增长，我注意到围巾就像一杯高定价的手冲咖啡，在日常生活中的角色越发重要。任何人都能佩戴围巾，但想戴出品位和风格却是另一回事。当然，我有一份最佳穿搭名单：国际货币基金组织（IMF）的总裁克里斯蒂娜·拉加德（Christine Lagarde）展示出围巾和有力量的穿搭并不冲突；美国第四电视台的国际新闻编辑林赛·希尔苏姆（Lindsey Hilsum）巧妙地用配饰为工作服装增添了很多个性化元素；朱迪·丹奇（Dame Judi Dench）女爵士经常在红毯上佩戴围巾，尽管我认为还有比搭肩上的造型更完美的选择。我过去常与一位有影响力的女士合作，她总是把一条羊毛披巾搭在宽厚的垫肩上，导致我总是担心围巾会滑落。尽管如此，所有这些女性都很感激有围巾这种如同艺术品的配饰，而不仅仅是保护脖颈的温暖。

无论你是简单地披上，还是环绕或是系上打结，不刻意搭配是关键。“对我而言，轻松随意地系上围巾是最合适的，”Liberty的珠宝和配饰买手鲁比·查德威克（Ruby Chadwick）给出这样的建议。“适合你个人风格和生活方式的才是最好的，松散随意地搭配夹克或衬衫让它们融入整体。”在我的观念中，一条完美的围巾是轻盈的，并且由诸如丝绸、棉或羊绒等天然纤维制成。

现在可不是用老气的羊毛针织围巾的时代了。虽然我喜欢简洁的风格，但对于围巾，我也接受更大胆的配色和图案，以及流苏和其他装饰。它们可以搭配出更精致的、提升整体形象的造型，特别是搭配精心剪裁制版的夹克或搭配富有活力的单宁面料或卡其色服装，呈现出像希尔苏姆那样的休闲造型。

玛丽·贝莉（Mary Berry）曾向我展示她如何佩戴围巾，她的动作熟练迅速，我不得不让她重复好几次。到了第四遍的时候，她开始有些不悦，但好在她的助理拍下了整个过程，并且看她这样系过无数遍，现在我可以保证这就是玛丽·贝莉式围巾系法。详细步骤请看对页。

尽管目前为止我还没走上过诺拉·艾芙隆（Nora Ephron）的舞台，但我了解一条漂亮得体的围巾可以带来的好处。如同玛丽·贝莉指出的，它们“可以遮盖消瘦的脖颈”。别再把它们搭在一边的肩膀上了。

“我尝试用装饰小亮片改变这个世界，每次一小片。”

— Lady Gaga

玛丽·贝莉围巾结（用长款围巾效果更佳）

1

把围巾环绕在脖子上，确保两侧长度相同。

2

右手穿过空环抓住左边的围巾。

3

稍微拉起左侧的围巾，使它形成另一个空环并保持住。

4

把右边的围巾穿过左边的空环。

5

整理两侧的长度，保持一致。

戴上珠宝

“珠宝首饰可以表达自我，即便在老了以后依然帮助你不至于被人群埋没。”来自英国珠宝品牌Tatty Devine的哈莉特·瓦恩（Harriet Vine）如此评论，她与设计合作伙伴罗西·沃尔芬登（Rosie Wolfenden）自1999年开始一起设计和制作珠宝。“我认为一个人的个人风格是在不断改变和进步的。珠宝是一个很简单有趣地表达一个人个性和特点的方式，无论你是20岁还是80岁。”我同意她的观点。佩戴珠宝首饰可以点亮日常造型穿搭，并融入一点更为个性化的元素——而且闪闪发亮的项链可以把光线反射在脸上，有点像一个随身携带的Instagram滤镜。Tatty Devine的风格是活泼有趣的，作品材质以有机玻璃为主，且哈莉特的心态大胆而成熟，“我是阿里·塞斯·科恩的博客Advanced Style的忠实读者，博客中丰富多彩而活跃的女士们的造型经常给予我灵感”。当谈及出彩的首饰时，高级珠宝电商品牌Astley Clarke的创始人贝克·阿斯特利·克拉克（Bec Astley Clarke）认为：“我们的客户喜欢丰富多彩的颜色；蓝色宝石非常受欢迎，摩根石（一种淡粉色宝石）和灰色蓝宝石同样如此。人们想要些不同寻常的东西”。这一豪华珠宝品牌为收藏级珠宝增添了更多现代元素。“过了35岁，女人开始减少穿着华丽的服装，转而将注意力投向珠宝。我今年41岁对服装就不是特别关注。贵重的珠宝是如此珍稀。我始终认为，如果你投入了大量资金，你就应该每天佩戴。”

我长期实践优雅休闲风格，因此我深知装饰类的元素一点点就够了。像普通人一样，我也是珠宝配饰的消费者，而且喜欢均衡搭配。可能与在没落的沿海小镇长大有关，我会穿上心爱的灰色运动衫，然后搭配一条闪耀的宴会项链，或者用单宁衬衫搭配仿造的伊丽莎白·泰勒（Liz Taylor）耳环。好吧，我不是第一个用夸张的配饰来增添优雅元素；可可·香奈儿（Coco Chanel）曾用运动单品搭配高级珠宝来打造休闲的日间造型，现如今服装品牌J. Crew的创意总监珍娜·莱恩兹（Jenna Lyons）将这种碰撞对比搭配运用得恰到好处。贝克·阿斯特利·克拉克对这种风格有更优雅的解读：“我个人喜欢把服装和配饰看得同等重要。我经常穿牛仔裤——我不想让自己看上去过于时髦，我想要成熟稳重的造型。所以我会搭配一件设计师品牌的丝绸材质衬衫，并搭配装饰简洁的鞋子、手袋和高级珠宝。”对于时尚来说，我们总会在某个年纪不再对当季爆款痴迷，转而喜欢经典款。贝克认为这一特性同样适用于珠宝配饰。“女人在年长和年轻时对高级珠宝的兴趣是一样的。”她补充道，“对一时兴起的时装也不再那样有兴趣。贵重的珠宝可以被长期持有，它有种固有的价值且不会轻易流失，所以人们购买珠宝时心里不会很难受，而且它们可以传给后人。珠宝可以成为传家之物：丝巾会破裂，鞋履可能不符合尺寸，但珠宝可以永远保存。”

总体而言，配饰最能体现一个人的品位、个性和搭配功底。我喜欢用一点夸张的元素做点缀，所以你经常能看到我佩戴闪亮的耳饰和手链，我也像乔妮·米切尔（Joni Mitchell）一样喜欢佩戴银饰。有一套手镯我已经戴了十多年了——即便在机场安检，我也从没摘下过；我有时也会戴吊坠型耳环。无论是简单还是端庄，华丽还是贵重，珠宝配饰是简约造型最理想的补充，同时也是展示创意的途径。我从我的时装编辑每次做造型拍摄的时候了解到这些；一串彩色圆珠的配饰和几枚手镯戒指能让整个造型一下子生动起来。用他们的话说，魔鬼就藏在这些细节里。尺寸并不是关键。“没必要总是追求大尺寸，”哈莉特给出她的建议，“我经常佩戴多款小巧精致的项链，效果也不错。我喜欢戴着Tatty Devine的银质Chip Fork项链，搭配二手市集上淘到的老物件。”在我看来似乎这就是最佳搭配。

优雅地穿着运动鞋

我的第一双运动鞋来自The Catalogue。还记得在互联网普及之前的那段时期吗？那时，我们的服装要么是别人穿剩下的要么是通过邮政下单买到的。工整地填好表格然后发送出来，在你都快忘了你买了什么的数个星期之后才能收到包裹。很多情况是因为Littlewoods（英国一购物品牌）没有库存了，很可能发来比原定商品更差的替代品。我们过于客气以至于从未质疑过这一系统——我们都没有退换过任何商品。因此我就有了一双黑色皮革制的Gola[1] Harriers而不是阿迪达斯SL 72s。我在本地公园骑车的时候肆意地用脚在地上摩擦，在我妈每周账单都没有还完的时候我就这样穿着第一双运动鞋出门了。

1 英国鞋履品牌。

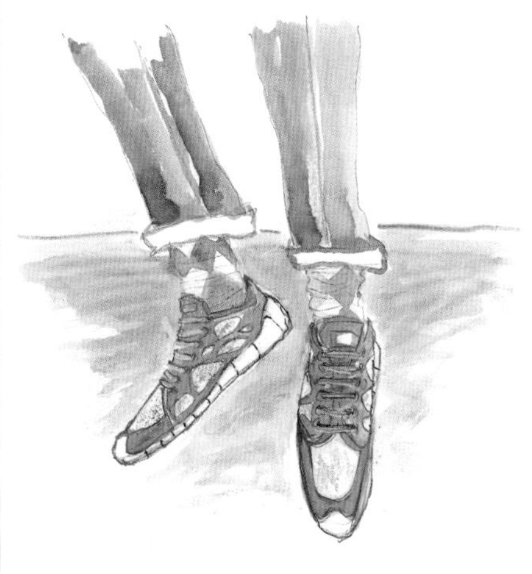

我小时候很好动，总是穿着运动鞋四处闲逛，我现在仍然很喜欢这种轻松随意的造型。对我而言，一双运动鞋，搭配剪裁夹克和修身或者低腰裤装是日常搭配的重要组成部分（详见第30-31页）。想象一下，可可·香奈儿在法属里维埃拉（French Riviera）悠闲地穿着阔腿裤和米克·贾格尔（Mick Jagger）式的外套，搭配一双St Tropez配色运动鞋，以及身着Isabel Marant夹克和牛仔裤的时尚优雅的巴黎名模卡洛琳·德·麦格雷（Caroline de Maigret）。这位法国模特和音乐制作人身上有种简·柏金（Jane Birkin）般的生活情趣和闲适自由的穿衣风格。

我大概盘点了一下，我的运动鞋超过20双（它们大部分都被放在卫生间里）：有高科技款，有经典款，有的年纪甚至比卡拉·迪瓦伊（Cara Delevingne）还大。但是当这些运动鞋从运动场走上T台的时候，我不由自主地产生了一丝忧虑：一双超过700英镑的运动鞋，饶了我吧。运动鞋的款式和风格应该是一个很简单的运动方面的问题。也许我该从不太受待见的Gola时代进入到有着精致印花的耐克Air Max的时代，但是诸位负责高端产品线的设计师们，你们应该知道在哪里增加产品溢价了。

别忘了你的太阳镜

黄金时代的好莱坞电影明星们最初在拍摄现场用太阳镜保护他们的眼睛免受阳光的伤害，这却让他们在不经意间给人一种神秘的印象。戴太阳镜曾经与成为超级明星画上了等号。现如今安娜·温图尔（Anna Wintour）在头排看秀也是如此。我知道坐在头排是什么情况（尽管我经常在服装秀上被挤到后面的位置），我可以确定秀场头排对你的视网膜不会造成伤害。无论是被用来传递一种“我想自己待着”的距离感，还是为电影明星增添魅力，或者简单地遮住眼睛，太阳镜已经成为现代日常生活的必需品，无论白天黑夜、室内室外。我发现随着年纪的增长，我的穿衣风格越来越真实而自我，但不是那种万众瞩目的风格。这里面有些实际因素，比如：去附近商店的时候用太阳镜遮住疲劳的双眼而不是化个妆，以及偶尔出现在博客上维持一定的低调。如果我要在网上发布一张自己的照片，我在照片中要么处于较远的位置，要么戴着太阳镜，或者两者都有。对于这些实用的面部挽救功能，我将太阳镜归类为一种成熟的造型样式。不过我不建议在夜间或室内佩戴，糟糕的视线环境很可能让你为此流泪。

太阳镜是品牌经常向媒体赠送的礼品之一，我却喜欢管它们叫小恩小惠，因此我有很多副。不过，一次去参加朋友50岁生日周末聚会，我忘记准备带太阳镜，后来我不得不去廉价商店赶快买了一副。就像平民版的Jackie O，我戴了一副硕大的虫眼型墨镜，不过戴了5分钟我的眼睛就受不了那廉价的镜片，把眼睛眯起来才没有那么难受。这个故事告诉我们：不要到最后一刻才来收拾行头，以及配一副好点的镜片很重要。

三种不同种类的太阳镜风格：

1. 经典款–每当有学生提到奥黛丽·赫本（Audrey Hepburn），我都不想再继续这个话题，请原谅我的虚伪，然后听一下我的观点。《蒂凡尼的早餐》（*Breakfast at Tiffany's*）已经距今54年，Ray-Ban Wayfarers系列仍然经典［不过不包括米基·鲁尼（Mickey Ronney）饰演的古怪种族主义者的角色］。两个词语足以概括：《蒂凡尼的早餐》造型、永恒。这两个词同样适用Ray-Ban和Cutler and Gross（英国眼镜品牌）的Aviators系列，以及意大利眼镜品牌Persol。和Ray-Ban一样，这个意大利品牌最开始的目的是为飞行员和军人提供防护，后来才被电影明星如葛丽泰·嘉宝（Greta Garbo）和史蒂夫·麦昆（Steve McQueen）佩戴，后者在影片《托马斯·克朗事件》（*The Thomas Crown Affair*）中佩戴了可折叠PO 714-SM款式的Persol眼镜，成为经典造型。

2. 怪诞风–我们究竟有多喜欢凯伦沃克（Karen Walker）在2013年广告中出现的模特造型风格，以及海伦娜·伯翰·卡特（Helena Bonham Carter）在红毯上，用饰有水晶和金边的Dolce & Gabbana墨镜搭配无吊带高定礼服打造的惊艳造型？Miu Miu每一季的眼镜框架都采用弧形、花朵等精妙的装饰，令人心动不已。这比紫色衣服搭配一顶红帽子巧妙多了，不是吗？

3. 复古风–有一些经典设计永远不会过时：比如有弧度的猫眼墨镜，眉框眼镜造型，大号Jackie O框架（搭配合适的镜片），以及任何让你看上去像是从黑白胶片电影中走出来的设计。而且彩色的框架也适合成熟女性。我指的不是那种摩登女郎喜欢的黄色，而是永远经典的优雅色调，诸如海军蓝、淡蓝色、灰色、赛车绿以及玳瑁纹理。这里可以找到最理想的复古墨镜：Cutler and Gross，Linda Farrow，Ray-Ban，Oliver Peoples。

三个小建议：

1. 永远不要戴眼罩式太阳镜。

2. 确保你的太阳镜适合你的面部，且比例协调。

3. 如果你的太阳镜有很高的设计溢价，请保管好，尽量不要坐到它们。

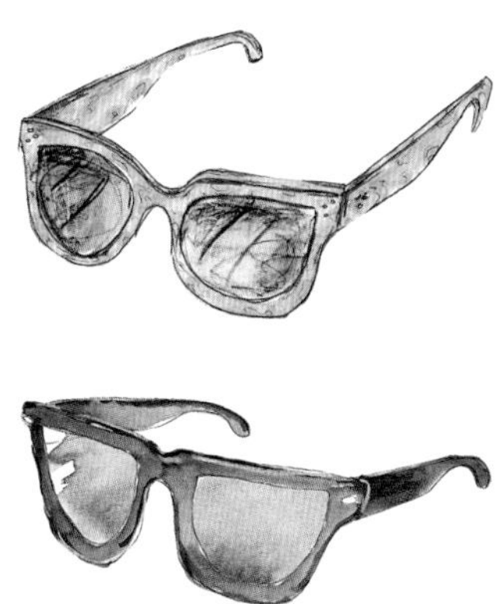

六个前卫的运动鞋瞬间

1

有七个月身孕的妮娜·彻莉（Neneh Cherry）在1988年的音乐电视节目“TOP OF THE POPS”中的造型

她穿了一件闪亮的让·保罗·高提耶（Jean Paul Gaultier）夹克搭配吊带背心，并在颈间佩戴了一枚餐盘大小的金色圆盘配饰，下装选了拉拉队短裙、紧身裤和一双阿迪达斯hi-tops。棒极了。

2

菲比·费罗（Phoebe Philo）在Céline的时装秀上

实际生活中，用New Balance/Nike Air Max/Adidas Stan Smith运动鞋搭配出一种极简而优雅的风格。只要是费罗穿过的，时尚圈里很快就会流行起来。

3

穿着匡威Chuck Taylor帆布运动鞋的简·柏金（Jane Birkin）

这位女演员、歌手、时尚偶像说过，“无论过去还是现在，穿着一条旧牛仔裤、匡威鞋和男士运动衫的时候是最舒服的。”

4

法拉·福赛特（Farrah Fawcett）在1976年的电视剧《霹雳娇娃》（*Charlies's Angels*）中的滑板追逐造型

她穿了一件红色罩衫，美国品牌Jordache喇叭牛仔裤和耐克Çortez慢跑鞋。不过滑板上真的是法拉·福赛特吗？我们并不在意。

5

2013年珍娜·里昂斯（Jenna Lyons）在《蓝色茉莉》（*Blue Jasmine*）首次公映时的精致中性造型

这位创意总监特别擅长混搭风格：美国品牌J. Crew出品的海军蓝男士晚礼服搭配白色内搭，以及纪梵希的滑板鞋。她的造型堪称完美。

6

20世纪90年代初期，和强尼·德普（Johnny Depp）约会前的凯特·穆斯（Kate Moss）

在她阴差阳错地遇到糟糕的皮特·多赫提（Peter Doherty）之前，她曾穿过一件黑色长裙，搭配黑色半透明紧身裤和牛仔夹克，以及一双阿迪达斯Gazelles跑鞋。

艾瑞斯·阿普菲尔

(Iris Apfel)

这位95岁的纽约名人对配饰无比痴迷，她在很多书籍、展览和纪录片中讲述了她那复杂的波西米亚风格。

**“如果你对自己不了解而
去复制别人的风格，
那是挺令人遗憾的。
你一定要了解你自己，
让你的穿着符合你的个性。”**

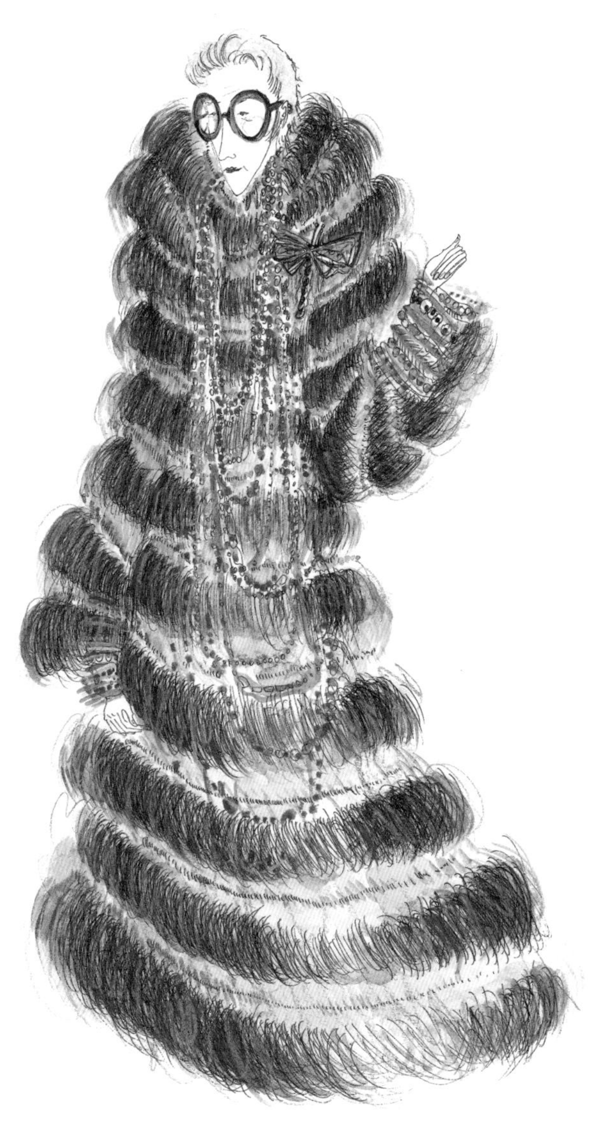

关于暮年成名

我和我的丈夫卡尔都认为这很可笑和奇怪。我也说不清楚这是怎么回事。我一直在做同一件事，而且已经做了很多年了，所以我真的不知道是怎么发生的。也许人们就是这样接受的。

关于年轻人对时尚产业的痴迷与关注

虽然有很多漂亮而年长的女性穿得非常漂亮，可商店里仍然装满了为年轻人设计的东西。具有很高消费能力的女性年龄大多都超过60岁，然而服装厂家们却用16岁的模特，这是一种愚蠢而糟糕的敷衍。人们开始在老年市场投入资金，我发现已经有了这种缓慢的趋势，但他们应该在化妆品领域投入更多才对。呈现年轻模特光滑无瑕的肌肤并精神充沛，让她们看上去像天使一样完美；然而年长女性则清楚地知道她们不可能永葆青春，而且她们为此也颇感焦躁。

关于年龄

高龄就像一种可怕的疾病。我有许多认识了好多年的朋友，但他们都不告诉我他们的年纪，这真的很奇怪。我从不在乎别人的年纪。我不明白为什么女性要为此感到害怕——年纪大了又不会打扮得像个老巫婆。我也不明白为什么人们只要一照镜子就会担心他们的皱纹，这是不是有点过于关注自我了。如果他们把耗费在脸上的时间用在丰富头脑上，他们肯定会有趣得多。

关于风格

舒服是最重要的事情——当然不是让你懒懒散散！我从不关注流行趋势，如果有个东西很流行但穿起来就像马的屁股，那我为什么还要买它？了解你自己并不容易——关于时尚最大的失败就是抄袭别人的风格。你需要清楚地知道你自己的缺点和优势。风格不是买来或者学来的，它是天生的。有些人有，有些人则不然。有的人是歌剧家，而有些人不是。

关于与时俱进

我喜欢美术馆和艺术品，它们对我很重要。我总是尝试跟上时代的节奏，保持对事物的兴趣，否则创意就会逐渐干涸。如果我不设计或者不做一些有创意的东西，我会疯的。你需要真实地走进这个世界，与之交融——否则这与生活在中世纪无异。

关于90岁的年纪

这是一件非常幸运的事情。我很多上了年纪的朋友已经去世了，但我也有很多年轻朋友，他们让我忙个不停。我不懂为什么有人要抱怨，伤痛是在所难免的，但我从不抱怨，因为也没人愿意听你抱怨。

想对15岁的自己说点什么

我不认为我变了很多。我一直在进步，变得更加成熟。与其他的聪明人一样，我的观点产生了改变。许多人会随着年龄增加而越发保守，我却更加自由。我不是烂好人，但如果有人要结婚，那就让他们结。如果有人想做人工流产，那就让他们去吧。

露丝·查普曼
（Ruth Chapman）

英国零售品牌和线上精品店
Matchesfashion.com联合创始人

**“我毫不在意变老。
我只在意是否健康、
是否有活力以及身心是否舒适，
这些才是关键因素。”**

关于Studio Nicholson

Nicholson是我祖母的名字。她是一位非常优雅的女士，所以我用她的名字命名了我的品牌。我虽然为Studio Nicholson感到无比自豪，但并不自以为是，因为很多人都支持我。我也会觉得很感激。我认为我自己不仅是一位设计师——设计只是品牌运营的一小部分。管理品牌真正难做的是在每一个转折点做出正确的抉择，并且坚持你的原则，永远不放弃。

关于淑女风格

你选的衣服就是你的风格。牛津衬衫，李维斯501s牛仔裤，白色T-shirt（我用很长时间来寻找最完美的那一款），灰色羊绒衫，再拿上一台Mac电脑。这样搭配起来就是男友风造型。即便我是单身，我可以假装有男朋友！

关于年龄

我在20岁的时候一无所知，在30岁开始努力，然后在40岁的时候开始妥善利用我所知道和掌握的各种事物。我对于长大变老是持顺其自然的态度，完全不介意。担心长出皱纹就束手束脚，我想说这一点都不轻松自由。你的行为举止远比你的外貌更重要。那才是你最重要的东西。

关于自信

从个人的角度来说，我从没觉得自信，我挺内向害羞的，但我不再对此感到恐惧。我不再担心做得不够好，这种自信也转换到我的外表上。

关于设计

当设计服装时，我会考虑这三个因素：风度、优雅、轻松。

关于风格

过于刻意打扮并不是最好的，轻松恰当的造型则更加吸引人。即便你用了四个小时来搞定它！我喜欢保持简单真实，我想强调我个人最好的部分，而且我认为如果你穿着不当的话，你就辜负了上天赋予你的同时也是人们最关注的的那部分——比如你的个性！我的造型风格非常简单，不用开灯我都可以完成。这是一种贴心舒适的风格，但我会使它独具魅力。

想对15岁的自己说点什么

遵循你的创意本能，保持下去。我总是对同一样东西感兴趣，我想我很小的时候就认清了我今后要走的创意之路。创意直接把我引向了Studio Nicholson。一路上虽然有点小曲折，但我感觉这就是我回家的路。

成熟风格群体

早些年我在杂志社工作的时候，我负责校勘月度新闻的版面。其中包括对变性者的采访（载体是透明胶片文件而不是本人来，尽管后一种情况会更有趣），采访需要好几天才能被与此相区别送到邮箱里。时尚圈非常精致，然而联系上品牌公关、通过成本昂贵的商品图册获取信息、进入服装秀却是限制重重。现在不到一秒钟，你的电子邮箱就会收到一张图片，每个人都能在网上观看服装秀的直播。获得海量信息和产品仅需轻轻点击一下即可完成。在这种环境下，你说这一季我们要穿60年代的运动服，或者展示某种古老的民间文化，或无论其他什么东西（比如一些愚蠢的趋势建议），都显得很荒谬。当我们可以在任何时候，无论白天夜晚，都可以在一瞬间买到任何我们想要的东西的时候，流行趋势变得如此无关紧要。风格才是一切。

风格群体一直都很吸引我：从青少年的朋克到《时尚美魔女》（*Advanced Style*）的女人们。我认为与别人产生认同是人类的天性——比如那些与你穿着打扮类似的人，或者有着共同爱好、信仰和观点的人——无论你是多大的年纪。有些人可能会坚持一种造型，其他人可能每天都换一种风格。就我个人而言，我喜欢把所有东西混合起来。我有一种有点像多重性格的风格：一半是极简的、从男装获得灵感的穿搭风格；另一半是波西米亚风格和嬉皮朋克，偶尔会加一点更成熟大胆的元素。我认为我们不断地通过生活重新发现自我，大多数女性会更接受这种精心混搭的方法。风格是一个不断变化的过程，成为一个独立的个体意味着你需要做你自己的事情。不过话虽如此，我们难道不喜欢成为中年团体里的一员吗？

优雅休闲风

认清这个事实吧：大多数人在大多数时间都穿便装。红毯造型显然不适合采煤工作车间，而且每晚我更喜欢待在家里，看看博客和电影。但我希望如果有一封非常临时的邀请函被投递到我邮箱里的时候，我可以立刻动身。不慌不忙，不用换衣服，不拖泥带水。我的理想出行装是可以自由跑动，适合早中晚各个时段。我称之为优雅休闲风：一种混合了白天和夜间穿着的休闲装，一种不刻意不做作可以随意穿着的服装。这是我的搭配风格，也是现代的风格。可靠的日常基础款是优雅休闲风衣橱的必备单品——比如简单的宽松连衣裙、一条你心爱的牛仔裤，或者一件羊绒衫。但如果缺少激情，你的造型会像70年代的古板办公楼那样而不是扎哈·哈迪德（Zaha Hadid）那种别致的设计。因此，放眼整个时尚娱乐行业，这不是哪种特定的服装，这更像是一种现代的时装直觉——一种引人注目的服装造型。比如我收藏多年的饰有小珠子和金银丝面料的针织衫系列，对我而言这就是深深根植于内心世界的那个海边小镇，很难摆脱那段经历。而且谁愿意丢掉个人风格呢？

在时尚世界中，闪闪发亮的元素以及动物图案印花和装饰每年都会登场，它们为简单的日常穿着增添气质。来自美国品牌J.Crew的珍娜·里昂斯（Jenna Lyons）是践行优雅休闲风的女神。她是一位杰出的造型师，也是一位一流的创意总监，她把服装引领到了一条极富启发性的道路上。里昂斯懂得如何玩转混搭：想象一下人造宝石、单宁布、卡其布和豹纹印花、亮片和彩条装饰混合在一起。在基本款式中用珠宝轻轻点缀一下是实现优雅和低调并存的有效方法。露丝·查普曼（Ruth Chapman）作为Matchesfashion.com的联合创始人和首席执行官，同时也是另一位低调风格的标志性人物，如同有一次我和她见面时聊的那样："我非常喜欢那些有着精湛工艺和装饰的服装，但我会用极简与克制的造型轻描淡写地搭配它们。穿着过于艳俗的休闲装，或者第一眼看上去没有品位的服装并不是一种礼貌的表现，而且会让整个人更松散。"

这些都是好消息——谁没有一件被雪藏在衣橱深处却值得穿着的衣服呢？在现有的基础上添加一些最新的衣橱必备单品会让你的造型更加前卫。披上一件亮眼的金属风外套来搭配黑色T-shirt和直筒裤。穿上一条亮片装饰直筒裙，搭配打底衫和一件犀利的夹克。这种适合各种场景的日常百搭造型正是成熟的优雅女性所喜爱的。

必备单品：

豹纹印花夹克、各种颜色和水洗工艺的牛仔裤、亮片装饰直筒裙、灰色T-shirt、单宁衬衫、皮革短靴、勃肯鞋、印花或者棉织图案裤装、精致的运动鞋。

哪里可以找到：

Isabel Marant，J.Crew，Gap，APC，Whistles，Cedric Charlier，DVF，Penelope Chilvers，Tucker，Bella Freud，Sophia Webster，Michael Kors，以及古着店。

造型偶像:

时装编辑勒内塔·莫尔霍（Renata Molho），茱莉亚·萨尔-雅莫斯（Julia Sarr-Jamois），莎拉·莫洛克（Shala Monroque），露露·肯尼迪（Lulu Kennedy），琳达·罗丁（Linda Rodin），艾伦·冯·昂沃斯（Ellen von Unwerth），贝拉·弗劳德（Bella Freud），格蕾丝·柯丁顿（Grace Coddington），冰金乐队的Alison Goldfrapp，赛尔马·斯皮尔斯（Thelma Speirs），当然还有简·伯金（Jane Birkin）。

越老越潮

“把视线转移到年长女性的想法有点无政府主义的意味。如果你在寻找朋克摇滚，那就去看《时尚美魔女》(*Advanced Style*)吧”，Barney's的创意总监西蒙·杜楠(Simon Doonan)在阿里·塞斯·科恩(Ari Seth Cohen)的街头时尚博客播出的纪录片片头如此说道。他说的有道理。苏·克雷兹曼(Sue Kreitzman)的老淑女革命则像一个恰到好处的革命运动。诸如艾瑞斯·阿普菲尔(Iris Apfel)，琳达·罗丁(Linda Rodin)，碧翠丝·奥斯特(Beatrix Ost)这样的时尚自由战士，会以精致的造型出现在纽约的大街上，而不是穿着松紧裤和休闲鞋待在家中。然而如同艾瑞斯·阿普菲尔指出的，数十年前就有很多女性都这样穿着打扮了。只不过现在这个趋势走向了全球，公众开始接受波西米亚风格的实践者、艺术家和设计师；莫莉·帕金(Molly Parkin)、桑德拉·罗德斯(Zandra Rhodes)、薇薇安·威斯特伍德(Vivienne Westwood)，这样的女性也从怪胎变成了时尚优雅的代名词。

越老越潮的这群人用夺人眼球的配饰和同样充沛的能力歌颂生活。这些女性自信、充满创意，并且在意自己的外表。这种绚丽绽放的造型主要表达了个性与愉悦之情。“这并非虚荣，” 阿里·塞斯·科恩跟我说过，“她们这样做是为了她们自己，她们觉得这种装扮感觉很棒，而且振奋人心。”他随后解释道他如何被各个年龄段的女性发来的邮件淹没。因为她们被他拍摄的照片鼓舞、被他对慢慢变老的展望而鼓舞——他曾经在纽约的地铁中被一群狂热粉丝追逐：一伙儿英国的退休老人（或者说疯狂的老太太），来寻找一种高级优雅的穿搭造型。

“这一集体性的精神活动引出了跨越世代的对于任何老龄化事物的认可，”阿里补充道，“这种拥护老龄化的、自我表达的运动撕开了传统生活方式的一条裂缝，人们现在也承认老年人不应该被忽视。”可能不是所有人都喜欢，但我认为这种越老越潮的精神真的棒极了。一帮退了休的人拥有一种朋克摇滚的精神——我怎能错过。

简单三步让你更大胆、更潮流：

1. 戴上头巾

从1955年亮相戛纳电影节的格蕾丝·凯利(Grace Kelly)到伦敦西北部的扎迪·史密斯(Zadie Smith)，头巾是一种历史悠久的造型元素。试一下色彩明亮的无领外套，印花裙子，或者全身黑色搭配单宁夹克，然后搭配头巾，这样就可以开启愉快的一天。

2. 叠戴配饰

避免没有想象力的造型。可以尝试简单的服装搭配怪异的太阳镜（见第23页）。也可以尝试身穿简洁的长袖T-shirt然后挂上一串同色系的串珠项链，以营造休闲优雅的造型。

3. 别惧怕彩色

循序渐进地尝试彩色，在你个人的标志性造型中加点明亮的元素。（见第17页“如何正确地穿着彩色服装而不看起来像个疯狂的女人”）

造型偶像：

《灰色花园》（*Grey Garden*）的“大伊迪（Big Edie）”和“小伊迪（Little Edie）”，《时尚美魔女》中的各种造型搭配，时装造型师凯瑟琳·芭芭（Catherine Baba），时装总监卢辛达·钱伯斯（Lucinda Chambers），时装设计师桑德拉·罗德斯（Zandra Rhodes），时尚记者琳·亚戈尔（Lynn Yaeger），海伦娜·伯翰·卡特（Helena Bonham Carter）还有她妈妈艾琳娜，薇薇安·威斯特伍德（Vivienne Westwood），露露·吉尼斯（Lulu Guinness），设计师古德伦·舒登（Gudrun Sjoden），Kids Company的创始人卡米拉·巴特曼海利迪（Camilla Batmanghelidjh），唱作人苏克西·苏（Siouxsie Sioux）。

找到合适造型：

Prada, Zara, Clover Canyon, COS, Marni, Boden, Markus Lupfer, MSGM, Moschino, Vivienne Westwood, Dries Van Noten，古着店，到处都是。

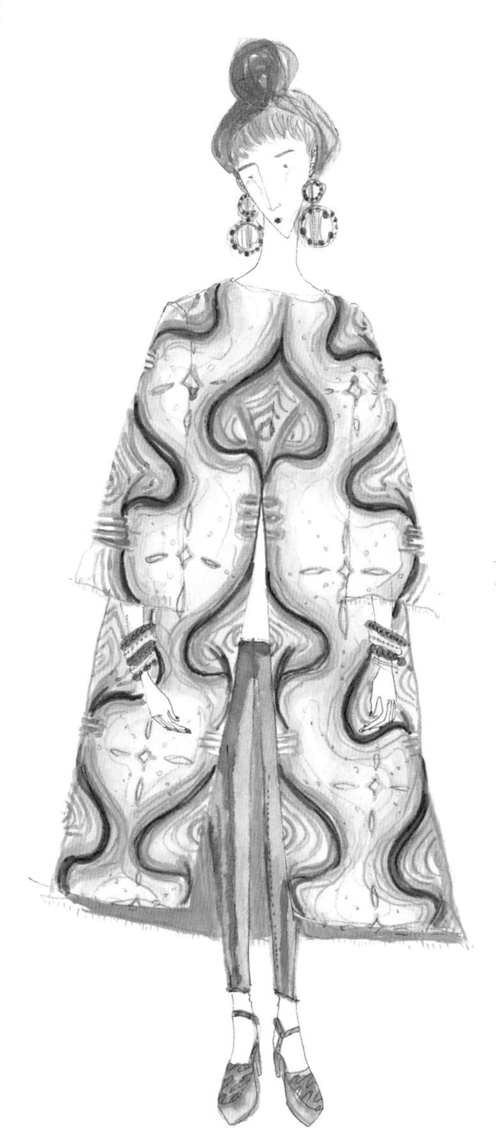

气场袭人

成功的精英女性们再也不需要穿着垫肩厚重的西服大步走进董事会会议室了。现代女性在职场中的地位已不再受限，穿衣打扮也是取悦自我的一种有效而现代化的方式。我日程中的下一项主题就是同薪平权，不过那是另一本书了。“每个女性已经有造型分明的个人风格，她们在重要职位上也越来越自信。”线上时装品牌Winser London的创始人金·温瑟（Kim Winser）这样评价。她的职业履历始终令人印象深刻，包括任职奢华毛衣品牌Pringle of Scotland的CEO，以及英国品牌Aquascutum的全球总裁和CEO。“十年前，女性还在努力奋斗。她们选择的出行装扮可以反映这一点——她们的服装过于正式和刻板，深受男性着装品位影响。”

气场十足如苹果公司的安吉拉·阿伦茨（Angela Ahrendts）、克里斯蒂娜·拉加德（Christine Lagarde）、雪莉·桑德伯格（Sheryl Sandberg）、米歇尔·奥巴马（Michelle Obama），她们可以掌控自己的生活和衣柜。说到控制，时尚界最权威、最资深的从业者之一，身着设计师连衣裙、小高跟鞋和佩戴气场强大太阳镜的安娜·温图尔（Anna Wintour），总是无懈可击。

时尚界的领军人琳达·法戈（Linda Fargo，美国品牌Bergdorf Goodman的资深副总裁）、琼·博斯坦（Joan Burstein，英国买手店Browns Fashion的联合创始人）、零售圈大师玛丽·波塔斯（Mary Portas）等人都十分钟爱简单的廓形——一条宽松连衣裙或者束腰连衣裙，蝴蝶结衬衫搭配干练的裤装——然后巧妙地运用色彩和面料特质。

我和金·温瑟见面的时候，她穿着一条线条优美的阔腿裤，配着高跟鞋和简单利落的羊毛衫。“我喜欢这种造型，它让我舒适而自信，”她这样评论。“我的服装让我非常灵活；忙起来的时候，我可以全天穿着同样的服装，并且在晚餐时依然觉得很舒服。”

强大气场的标志性造型总是光鲜靓丽、非常专业。风格是她DNA的一部分。她清楚地知道她要得到什么——也就是说她能把事情搞定。“把钱花在质量上乘的衣柜必备单品上至关重要，”金继续说道，“它们的穿着频率可比一件昂贵的晚礼服要高很多——奢华的面料和完美合身的剪裁是最重要的关键因素。佩戴恰当的配饰是整个造型的点睛之笔。不要喧宾夺主，要掌握好平衡。”无论是参加董事会会议还是环球旅行，我们的目标是在保持冷静沉稳的同时增加个性化元素：“有自己的风格很关键，并且不要打扮过度，”金补充道，“以化妆品为例，最好的妆容是表面上看没有费什么功夫，实际上是根据自己的特质，使用最好的产品精心呈现的。”

那些偶尔一穿的衣服已基本消失了……夏末的某一天我经过白金汉宫的时候，遇到了从女王花园聚会走出来的客人们。我惊讶得目瞪口呆。再也没有比这次更糟糕的亮相了，这简直就是一场用沙沙作响的假花和塑料头饰小礼帽组成的荒诞场面。我完全看不下去了。如果你想要特殊场合服装搭配的建议，请看这里：别买新的。特殊服装已经死了。把钱花在发型上而不是买衣服上。从气场袭人的装扮者中获得灵感，采取“少即是好”的方法——简洁的有饰物的彩色连衣裙，搭配项链和小高跟鞋是事半功倍的简单方法。

找到合适造型：

Chanel, Jaeger, Issa, LK Bennett, Mary Katrantzou, Hobbs, Goat, COS, Diane Von Fürstenburg, Roksanda, Osman, Sophie D'Hoore, Zara, Jil Sander, Winser London, Nicholas Kirkwood.

必备单品：

蝴蝶结衬衫，皮革裙装，主流颜色的阔腿裤，轻便夹克，白衬衫，印花铅笔裙，尖头鞋（高跟和平跟），有气质的项链，稳重的发型，专职司机。

女绅士

优雅，成熟，带一点中性风，富有品位，热爱文化，注重细节，这就是女绅士。她的造型简单干练，具有现代感，同时混合了男性的阳刚和女性的柔美。可以想象一下穿着礼服的凯特·布兰切特（Kate Blanchett）和蒂尔达·斯文顿（Tilda Swinton），还有身着J. Crew和Céline的珍娜·莱恩兹（Jenna Lyons）。“这是一种整体的思维模式。她们不仅仅只考虑外表，还包括各种方面，”《如何做一个现代淑女》（*How to be a Modern Gentlewoman*）的作者、时尚编辑纳瓦兹·巴特利瓦拉（Navaz Batliwalla）说过，“她们关注设计、工艺技法，以及生活中的精致事物。”虽然Céline的设计师菲比·费罗（Phoebe Philo）是她的造型女神，不过女绅士可不仅是穿着Céline的假小子。“她的服装不一定很贵，只要是匠心之作和经久实穿就可以了。无论是一件Gap的T-shirt还是一双Church's的鞋子，它的设计一定要考究，比例恰当，实际穿着的实用性也是考虑因素之一。”

从固特异工艺（Goodyear-welted）雕花布洛克鞋到均衡的经纬纱线密度，每一处细节都要值得留意，“这里面肯定有点对研究和调查的过分执着，”纳瓦兹补充道，“你是在了解到一件事物的本源，而且它的质量卓越，以及你很喜欢它，所以才使用多年，而不是因为某个所谓的名人为它做了宣传就使用它。”我们现在已经有了太多废弃的快时尚产品，其中的相关知识是问题的关键。整个购买和搭配过程应该预先精心策划，不应该由匆忙临时的决策产生。“女绅士是谨慎细心的消费者，不是冲动的购物狂。她们喜欢好看的东西，但她们不会为了消费而消费。”

说到打造女绅士的衣柜，只用考虑实穿性、面料和剪裁。时装品牌Studio Nicholson的创意总监尼克·威克曼（Nick Wakeman）说过：“凡事都顺其自然，所以我选择黑色、白色、淡蓝色、卡其色并反复购买这些颜色的单品。当你选择的单色比较单一的时候，面料和质感就变得尤为重要。我喜欢用搭配和比例来增加吸引力，但你必须得保持好身材。可以找找胯部宽松的裤子，也可以解开几颗衬衫的扣子，利用好你的先天优势。我认为慵懒悠闲的中性风非常性感。”尼克经常从经典的男装款式中寻找灵感，“我经常穿男装衬衫和夹克，所以一般来说我对男装比女装更有情绪上的共鸣。男装中的细节处理非常精致到位。”不过点缀一点给人惊喜的元素也很重要，“我很喜欢这个意大利语中的短语*spezzato*。它用来描述搭配不是非常协调、或者有点‘过’的男装。使用一点古怪的点缀比如不穿衬衫的情况下穿着夹克，并搭配一条丝巾。那种放荡不羁的想法也挺英式的。”

服装只是优雅的中性女生精心构建生活方式中的一小部分。当她不再痴迷完美的白T-shirt，她会现身某个画廊的私享会，或者收看科斯蒂·沃克（Kirsty Wark）的《新闻之夜》（*BBC Newsnight*），骑着马或者阅读她最喜欢的杂志：*The Gentlewoman*。

必备单品:

男士衬衫, 羊毛衫, 男士手表, 白色T-shirt, 切尔西鞋, 卷腿西裤, 布洛克鞋, 海军大衣, Levi's 501牛仔裤, 雷朋Aviators眼镜。

造型偶像:

索菲亚·科波拉(Sofia Coppola), 阿梅莉亚·埃尔哈特(Amelia Earhart), 玛格丽特·霍威尔(Margaret Howell), 佩妮·马丁(Penny Martin), 凯瑟琳·赫本(Katharine Hepburn), 时尚顾问亚斯敏·西维尔(Yasmin Sewell), 女演员玛克辛·皮克(Maxine Peake), 时装主编托尼·古德曼(Tonne Goodman), 设计师安德莉·普特曼(Andrée Putman), 艺术家波利·摩根(Polly Morgan)和歌手波林·布莱克(Pauline Black)。

找到合适造型:

Paul Smith, Céline, COS, Toast, Studio Nicholson, Sunspel, Margaret Howell, APC, John Smedley, Gap, Church's, ESK cashmere, Everlane, Theory, Tabitha Simmons.

"风格就是知道自己是谁, 知道自己想要表达什么, 不要有太多顾虑。"

—奥森·威尔斯(Orson Welles)

精致女性

“先想办法在巴黎出生，”戴安娜·弗里兰（Diana Vreeland）曾经说过，“然后一切都会自然而然地发生了。”不过现在有很多关于法式风情的书籍和博客，所以也不是那么有必要在那里出生了，我们可以当作身在巴黎。并且尽管我们知道不是每个巴黎女性都像伊娜·德·拉·佛拉桑热（Inès de la Fressange）那样（伦敦人也不都是凯特·穆斯），但是法式风情还是那样无比诱人，蕴含其中的微妙腔调比圣诞节时候的拉杜丽（Ladurée）马卡龙还受欢迎。“这是一种态度，一种自信且泰然自若的心态，”《跟法国女人学雅致》（*Forever Chic*）的作者，长居巴黎的记者泰什·杰特（Tish Jett）这样说过。“法国女人看上去总是悠闲舒适，即便穿着很高的高跟鞋走在鹅卵石小路上亦是如此。她们为愉悦自我而穿着打扮，她们知道什么适合她们，什么衣服是合身的。”

这些优雅的女性有一种自信的风格，她们偏爱永恒的经典多于追逐时尚潮流：卡琳·洛菲德（Carine Roitfeld）总是穿着Equipment的丝质衬衫，法利达·卡尔法（Farida Khelfa）总是有一件漂亮的夹克，（夏帕瑞丽 Schiaparelli 的品牌大使）伊曼纽尔·奥特（Emmanuelle Alt）也总是偏爱直筒裤。这就是为什么我们都喜欢有点缥缈的法国人，我们都中意une femme d’un certain âge（法语，意为一定年龄的女性），她们清楚地知道什么适合她们，她们也自信地执着于此。

也许我的精神世界已经充盈，但我同样认为，女性生活在即便40岁也不会被边缘化的国家也很关键。从国际货币基金组织的首脑到法国电影中的标杆，似乎在另一方面，女性在她们整个生命过程中都受到尊重，而不只是在生育期。我们的法国朋友对看起来很年轻没有兴趣，她们也不喜欢用“我的胸部这样会显大吗”的方式暴露自己的身体。“我们要的是感官而不是肉欲，”泰什说，“我甚至都不记得有法国女性试图走性感路线。她们会多松开一个纽扣，但这并不意味着主动挑逗，只是随意自然的表现。”

尽管我们希望相信这是自然地流露，但我们知道这种看似轻松毫不费力的风格其实需要下点功夫。这种看似轻描淡写的造型并非五分钟就可以简单地堆砌完成，女士们的美丽容颜也不是绕着洗脸池走走就可以实现。不过即使如此，法式风格给人以流畅连贯的整体印象。这种风格看起来轻松随意，这也是它令人着迷的原因。为愉悦自己而穿衣打扮的确会让人更加自信，并让你体会到“做自己”的惬意与闲适。

怎样获得法式造型即便你不在法国：

别随波逐流

法国女性不会被时尚蒙骗，她们喜欢保持清爽简洁，比如凯瑟琳·德纳芙（Catherine Deneuve）对于Yves Saint Laurent晚礼服一生的热爱，以及佛朗索瓦·哈迪（Françoise Hardy）和她的机车皮夹克。不要太过执着。别把事情想得太复杂。不要过度装饰。就是这样。

玩转配饰

Louis Vuitton的包包、Roger Viver的鞋子和Hermès 的丝巾，尽管人们都渴望拥有一件，不过不是所有的配件都非常昂贵。像露露·德拉法蕾斯（Loulou de la Falaise）那样叠加佩戴串珠和手镯，向克里斯蒂娜·拉加德学习丝巾的戴法，或者尝试简约风格，打造属于自己的风格。不过，永远不要买成套的鞋子和包包。

在自己身上花些时间

不可否认，这不是很英式的做法。

-我们在通勤路上化妆，却没有固定的专业皮肤医师。

-不过把时间用在更有效的美容管理和有格调的衣橱上会增加一点法式优雅。

但不能看起来像刻意为之

把头发稍微拨弄凌乱，松散地披上男士衬衫，给人整体印象不应该太过做作。夏洛特·兰普林（Charlotte Rampling）和简·伯金（Jane Birkin）亲测有效。

造型偶像：

名模卡洛琳·德·麦格雷（Caroline de Maigret）和法利达·卡尔法（Farida Khelfa），克里斯蒂娜·拉加德（Christine Lagarde），克莱曼丝·波西（Clemence Poesy），伊娜·德·拉·佛拉桑热（Ines de la Fressange），凯瑟琳·德纳芙（Catherine Deneuve），伊曼纽尔·奥特（Emmanuelle Alt），童装品牌Bonpoint的创始人玛丽·弗兰西·科恩（Marie-France Cohen），可可·香奈儿（Coco Chanel），佛朗索瓦·哈迪（Françoise Hardy），时尚摄影师和插画师嘉兰丝·多尔（Garance Doré）。

找到合适造型：

Sandro, Merci, Sonia Rykiel, American Vintage, Chanel, Iro, Joseph, Petit Bateau, Agnes b, APC, Aimé, Zadig et Voltaire, Equipment, Comptoir des Cotonniers。

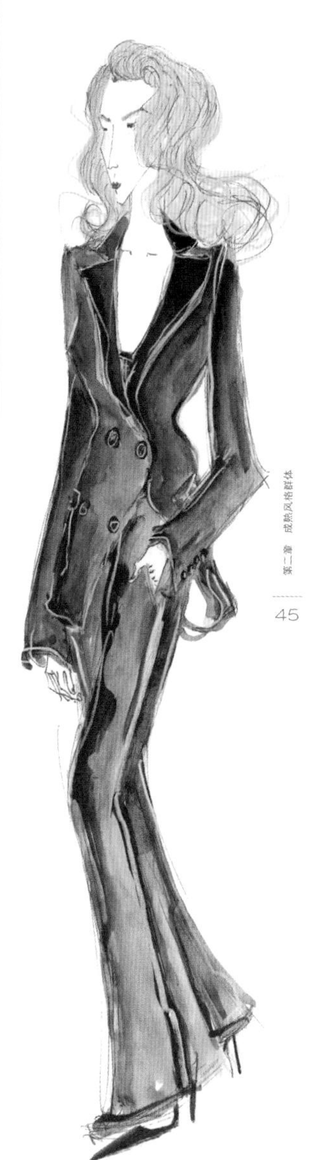

斯堪的纳维亚风格

精致的女性们需要一双Roger Vivier的鞋，而清凉的北欧则带来另一种风格。斯堪的纳维亚的时尚女性有一种独特的慵懒松弛的风格，她们有自己的时装周（斯德哥尔摩）以及众多很好的本土品牌。与法式风格一样，这种内敛优雅的风格也风靡全球；特别是在美国，“汉普顿斯的名流与肯尼迪家族成员在玛莎酒庄见面”的那种感觉与“斯德哥尔摩群岛上的度假别墅”呈现的氛围还是有些联系。回溯到联系密切的19世纪，当时瑞典和挪威移民迎来了他们的顶峰，位于纽约的斯堪的纳维亚设计师和时尚博主显著增多。

我总感觉自己像一个隐形的北欧人，北欧的生活方式，峡湾风光，精彩的设计——这些也许是一种维京人传统？毕竟我在本地旅游的时候，经常被认错。我造访过挪威的北极圈，在哥本哈根的春季骑车，在波罗的海里游泳（那儿真的太冷了，即便七月也是如此），这种感觉特别适合我。“我从不过分穿着打扮，”托芙·韦斯特林（Tove Westling）这样说，她出生于斯德哥尔摩，现在是常驻于伦敦的公关机构Varg PR的主理人（这是一家在英国代理北欧品牌的公司），有一次我们谈到了高级的斯堪的纳维亚风格，“我认为美丽、简洁、素雅的单品的高级感不言而喻，甚至比那些风格张扬的东西给人一种更加冷静而深刻的印象。”这种冷静的北欧风很早以前就有了。好莱坞影星葛丽泰·嘉宝、英格丽·褒曼（Ingrid Bergman）就是这种清爽极简的风格的代表，更不用说安妮塔·艾克伯格（Anita Ekberg），她离开斯堪的纳维亚前往意大利并拍摄了《甜蜜的生活》（*La Dolce Vita*）。鲜明的主要女性角色也出现在北欧Nordic Noir电视台出品的惊悚剧《谋杀》（*The Killing*）、《桥》（*The Bridge*）、《权利的堡垒》（*Borgen*）之中。在现实世界，当然还有瑞典女权主义倡议党（Swedish Feminist Initiative Party）的领导人——67岁的古德伦·施曼（Gudrun Schyman），以及丹麦首相赫勒·托宁-施密特（Helle Thorning-Schmidt），她就像是*Borgen*剧中的女政治家。

自信地展示男性风格和女性的躯体，斯堪的纳维亚风格的践行者偏好男款夹克和风衣、极简的造型、素雅的色彩和天然面料。“我认为这与我们现在的消费有关，”托芙继续说道，“人们想要可持续地发展，服装单品拥有更长的寿命，而不像快时尚服装那样六个月就需要被替换掉。即便每个北欧设计师都有不同的艺术主张和表达方式，但他们都试图传递一种现代的、线条简单清晰且不会过时的风格。”但这并不意味着全是男友风夹克衫或者深色坯布面料，北欧的时尚人士们对自然肌理、针织图案和色彩高级亮色印花有种天生的喜爱。我想起了这个故事：1960年，杰奎琳·肯尼迪（Jackie Kennedy）在美国科德角的Marimekko（一个芬兰品牌）专卖店里买了一些价格适中的棉质背心裙。在被指责花重金购买巴黎设计师设计的服装之后，她的勤俭节约又被人们称赞。

造型偶像:

急救箱乐团(First Aid Kit),丹麦王储玛丽,电视剧《桥》中的Saga Norén,海莲娜·克里斯汀森(Helena Christensen),卡洛琳·贝塞特-肯尼迪(Carolyn Bessett-Kennedy),露丝·查普曼(Ruth Chapman),电视剧《谋杀》中的莎拉·隆德(Sarah Lund),时尚博主艾琳·科林(Elin Kling)、佩莱尼·苔丝贝克(Pernille Teisbaek)和汉娜·斯蒂凡森(Hanna Steffanson)。

找到合适造型:

Day Birger et Mikkelsen, COS, Acne, Cheap Monday, Bruuns Bazaar, Swedish Hasbeens, Skandium, & Other Stories, Filippa K, Monki, Ann Sofie-Back, Dagmar, Gudrun & Gudrun, Whyred。

不老摇滚

“看看你们这些摇滚青年们，你们很快就会老去。”大卫·鲍伊（David Bowie）1971年这样警告过，果不其然。不过44年之后，像帕蒂·史密斯（Patti Smith）、玛丽安娜·菲斯福尔（Marianne Faithfull）、佛朗索瓦·哈迪（Françoise Hardy）、克里希·海德（Chrissie Hynde）这样的音乐家依然在“摇滚”着。作为粉丝的我喜欢称之为摇滚精神的孕育所。男性化的剪裁，军用设备，机车皮夹克和黑色瘦腿裤，她们随着年龄的增长越发时髦和富有格调，她们的衣橱也都是那种穿着“毫不费力”的好看衣服。这是一群不跟风、做自己的女性。她们的造型经典永恒、反潮流且极为优雅，以致卡琳·洛菲德（Carine Roitfeld）、伊曼纽尔·奥特（Emmanuelle Alt）和法国*Vogue*女郎们都趋之若鹜。一眼望去全是凌乱的发型、男士T-shirt、皮裤和黑靴子。

这些摇滚元素已经是现代衣橱的必备组成部分之一。安迪·沃霍尔曾有一段非常出名的引言，把这个现象概括得十分到位：“当一个人曾经非常漂亮，造型在当时也是最流行的，之后随着时代的变化，过了很多年之后，如果他们保持一模一样的造型，完全没有变化，他们很在意自己，那他们仍然是美丽漂亮的人。当你的风格已经过时的时候，你必须要坚持下去，因为如果你的风格真的很棒，那它一定会重新回到时尚的轮回中，而你也会再次成为时尚轮回中的焦点。”

所以，你要坚持下去。坚持你自己，坚持你的风格。摇滚永远不老。

要摇滚不要摇椅：大人们的音乐现场指南

比起20岁的人，我可能更像60岁，但是作为终生音乐爱好者，我从没停止参加过现场演唱会。从未停止。只不过不再像原来那么容易了。首先是票务问题。比年轻的时候，你能够支配更多的钱，意味着高昂的票价不再是负担，找时间订一张最流行乐队的门票，然后等着Ticketmaster（一个票务网站）把票寄给你。当你准备拖着疲惫的身体前往网络售票处的时候，一般选择乐队演出场所带有座位的。比如是在巨蛋场馆演出的布莱恩·亚当斯（Bryan Adams），或者爵士乐。真不错。我去过一些爵士乐现场，与一群成熟、岁数大的人们混在一起感觉特别像大人，但我一直弄不明白那些头发花白的脑袋频频点头是因为享受音乐，还是已经睡着了。

站在灯光闪烁的昏暗房间里，随着音乐节奏疯狂甩头并不适合清醒理智且疲劳的你，特别是明早还要去工作。

找到音乐现场的感觉关键是要多喝咖啡。先来一杯咖啡，然后过渡到啤酒和兑了无糖可乐的烈酒。很快你就再也喝不动了，也不想跳舞。跳舞则是40岁以上的人需要面对的另一个问题。所以，你的动作幅度要小一点。建议轻轻摇摆，避免尬舞，并且绝对不要随着现场氛围挥舞手中的荧光棒/智能手机。

接下来，你要找一个安静的地方待着。喝晕了的年轻人们会让人到中年的音乐现场爱好者很烦躁。因此别理他们，在调音台和商品架之间找个地方待着。不要忘了，如果你想留到加演环节，一定要穿一双舒服的鞋子，如果你想排队购买低劣的乐队T-shirt，建议赶快回家。

造型偶像：

小野洋子（Yoko Ono），黛比·哈利（Debbie Harry），凯特·摩丝（Kate Moss），时装设计师帕姆·霍格（Pam Hogg），朋克标杆Soo Catwoman，时尚缪斯、前名模贝蒂·卡图（Betty Catroux），露·杜瓦隆（Lou Doillon），格蕾丝·琼斯（Grace Jones），艾莉森·莫斯哈特（Alison Mosshart），斯特拉·坦娜特（Stella Tennant），Skunk Anansie乐队的Skin（De borah Dyer），音乐家金·戈顿（Kim Gordon），薇薇·艾伯丁（Viv Albertine）和琼·杰特（Joan Jett）。

找到合适造型：

All Saints，Ann Demeulemeester，army surplus stores，Saint Laurent Paris，Rick Owens，Topshop，Shrimps，Zadig & Voltaire，Isabel Marant，Vivienne Westwood，Acne，The Kooples，J Brand。

“做你自己。
其他人已经有人做了。”

——奥斯卡·王尔德（Oscar Wilde）

我所了解的时尚

1

每个造型都要有个闪光点

一件引人注目的单品会起到画龙点睛的作用；一件除了坏了否则你想一直拥有的东西，它会让你的造型事半功倍。

2

别把钱用在“破”衣服上

无所顾虑的消费主义是完全没必要的——而且也不会有人有地方来储存源源不断的新衣服。保持优雅格调的关键是做减法（参考伊曼纽尔·奥特和菲比·菲罗等人）。用你已有的进行搭配尝试，或者少买点，买好的。

3

在日装和晚装中找到适中的风格

把好东西都拿出来吧。现在是全天候24小时优雅状态。

4

扔掉紧身裤

我从没穿过紧身裤。绝对不会穿。在我看来，这种塑形类裤装就像刑具，与曾经的束腰和紧身胸衣无异。没错，它们的确被设计成让女人看起来更苗条。但我们想要什么来着？我们要自由！

5

买法式内衣，并定期替换

扫兴的灰色胸罩不是你想要的。

6

避免过度搭配

太过刻意的造型搭配已经过时了。我们的目标是不费力的、现代的、新鲜的造型。混搭起来吧。

7

穿你喜欢的

穿那些你认为适合你的。50岁之后是一段很漫长的道路，所以你最好选那些穿着让你快乐、舒适和自信的服装。

8

忽略规则

正如玛丽莲·梦露所说：“如果我遵守所有的规则，那我哪儿也去不了。”

9

把衬衫送到干洗店去

这是我从Manhattan Brother那学来的。花费了多年练习“正面熨烫”技巧之后，一件刚熨烫整理过的衬衫可以随时待命，穿上就走。

10

花钱买得体的鞋子

你的双脚值得拥有。

琳达·罗丁

（Linda Rodin）

来认识下这位卓越的纽约造型师，她不但创立了同名护肤品牌，同时作为时装模特也日益活跃。

“我的一个朋友给我了一个很好的建议：忘掉皱纹，注重身材。”

关于年龄

对我而言，66岁还不算老。我的两个最好的朋友已经分别89岁和91岁了，他们活得很好，而且很享受生活。变老并不容易——皱纹并没有那么容易就长出来，你也不会觉得早上醒来感觉比去年这个时候更糟糕。我从没做过面部拉皮手术，所以我想如果皱纹是我的一大问题的话，那我还挺幸运的。健康才是最重要的事。

关于做一名上了年纪的模特

当模特挺有意思的，也不是很难，比做造型师要容易多了（不用带着一大堆衣服到处跑）。我想说："你40年前干什么去了？！"但是模特的照片都是经过处理的，这有点令人沮丧。我的意思是，他们为18岁的人修照片——一场戏而已。

关于风格

我会以简洁并带有亮点来描述我的造型风格。我喜欢前卫的服装。这会让造型更有趣。我不想过分引人注目。我不喜欢太过招摇。亮粉色或橘色唇彩是我最大胆的尝试了。我不想变得古怪滑稽，在早上八点穿着和服，戴着人造树脂项链。女人们这样做就像是最后一次的告别演出，虽然很棒，但我不想成为这样花里胡哨的女性。比起当一个怪咖，我更想成为乔治娅·奥·吉弗（Georiga O'Keffe）。

关于老淑女革命

上岁数的人们一直都在，为什么老淑女革命偏偏发生在现在呢？时尚行业离不开金钱，所以归根结底是钱的问题。我相信趋势所致只是部分原因，因为这种趋势似乎是有选择的，不是所有的老人都被这种趋势影响。没牙的老人就不在此列。

关于享乐

我不做任何锻炼，但我经常遛我的狗Winky。虽然听起来肤浅，但我也喜欢购物。我不会用5 000美元买一只手袋，但作为造型师，我愿意变得更有创意，在我自己身上尝试更多造型。

想对15岁的自己说什么

不要这么不自信，你看起来好极了……所有那些我费劲做的蠢事，都是在浪费时间。

关于宅在家里

我特别喜欢待在家里，基本不怎么出门——我是个超级不合群的人。我爱我的公寓，我在这里住了35年了，我喜欢在自己的空间里和我的狗、我的物品一起生活。我需要休息的时间，以便我整理自己的各种想法。我那94岁的朋友抱怨说她总是见不到我，之后我说："我请你过来玩吧。"她进来之后，环顾了四周之后说道："现在我知道你为什么从不出去了。"

尼克·威克曼
（Nick Wakeman）

尼克·威克曼常驻伦敦，她是时装品牌Studio Nicholson的创意总监。她已经在时尚行业工作了近20年，为诸如DIESEL，Marks & Spencer等品牌做设计。

“当我40岁的时候，
我不再顾及那么多。
我不管别人怎么看我。
我要穿我觉得对的衣服。”

关于出任一个国际互联网品牌的总监

这非常有趣。我对我们做的事情越来越自信。我们的品牌在8年前上线，现在正稳步发展。我们只做线下零售的时候我挺满意的，但我们的客户在全世界旅行，所以客户们不在伦敦的时候也可以购买我们的商品。很多事情都随之改变，我们必须要打点妥当以跟上节奏，不过我尽力不让工作影响我的家庭生活。我很注意这方面，我一直努力保持一种平衡的生活状态。

关于年龄

我们在曾经的活动中和琳达·罗丁合作过，和这样的女性合作让我深受启发。

关于露丝·查普曼风格

轻松简单并有一点男性化。我只穿平底鞋，我知道这有点过时了，有点像老年人的习惯，但舒适真的很重要。要正确地叠穿衣服。我经常旅行，我可不想在旅行中太冷或太热。

关于如何提升生活品质

多睡觉，多休息——如果我能解决这个问题那真的就太好了。

关于老淑女革命

我认为这棒极了。它真的很启发年轻女孩儿们，不至于让她们觉得到了一定年纪一切都将结束。她们有了更多的选择，她们知道她们的人生轨迹可以改变，她们可以做学问，生小孩，做任何她们想做的事情。

关于重要的东西

在工作、生活、朋友和爱好之间取得平衡；保持快乐很重要。我同样认为待人友善也很重要，他们也会回以善意。我们早就应该明白这点。

关于风格

保持前卫现代很关键，但这不意味着一味追逐潮流，你要找到自己的DNA，知道什么适合自己并坚持下去——也要留意当下发生的事情，并融入你的造型风格中。

关于年长消费者想要什么

每次穿着的价值很重要。有段时间我们售卖非常昂贵的、适合出席活动的裙装，但是现在我们的客户想要经典的款式。他们想要可以经常穿着，便于搭配的单品，而且可以呈现不同的风格。

想对15岁的自己说什么

年轻人总有一段艰难的时光。你不知道自己想要什么，也不相信自己。放松点。不要太紧张，一切都会好起来的。弄明白自己想要什么，然后去争取它。

特鲁科·伯勒尔

（Teruko Burrell）

生活在圣莫尼卡，并在艺术领域中工作，她终于在40多岁的时候实现了梦想——成为一名模特。

**“年龄越大越有智慧，
我对我现在的体态和
灰白的头发很自信。
我就是这个样子，这就是我。”**

关于当模特

我一直想成为模特，但我年轻时一直没有勇气和自信去这样做。我记得我在巴黎的时候，只要是在公共场合讲话我就会变得非常害羞。到了30岁的时候，我想这是有可能实现的，我可以尝试去发展，特别是我矫正了牙齿之后。终于在40岁的时候，我不再想“为什么要这样做”，而是反问“为什么不呢？”然后去努力争取。我现在56岁了，已经做了10年模特。我非常高兴，毕竟我等了太长时间才争取到。

关于老淑女革命

我认为这项运动恰到好处。品牌开始意识到我们这个年纪的女性希望看到适合我们年龄段的服装——这对我也很有利，这意味着我会接到更多的商业合作！

关于风格

我喜欢戴安·基顿（Diane Keaton）的风格：中性的坏小子造型和圆顶礼帽。我爱死这种风格了。非常休闲——我喜欢牛仔裤搭配简单的鞋子。我基本不化妆，只涂个口红，简单打理下头发就行了。我不怎么刻意打扮，轻松随意就好。

关于搬家

我喜欢艺术，盖蒂博物馆（Getty Museum）是个适合工作的好地方（我在那里工作了16年），但我后来决定换一份工作。我一直想在纽约生活，当Wilhelmina模特公司向我发来工作合约的时候，我动身去了纽约。我滋养在纽约充满活力的氛围中，可当租户从我位于圣莫尼卡的公寓中搬走的时候，我发现很难再出租出去了。我很不情愿地离开了纽约，回到了洛杉矶，我现在更多的时候是在这边工作。

关于放松

我喜欢锻炼。锻炼让我保持好的精神状况。我经常散步，每周也会沿着海边跑几次步。我发现下楼梯比往上走要容易很多。

关于年龄

我不介意变老。我唯一做的“调整”就是在35岁的时候矫正了牙齿，然后在45岁的时候激光治疗了近视。我承担了很多风险。我个人不是很在意物质生活。我更在意我自己（尽管我需要更放松），我对自己身体的健康状况还是挺满意的。我对此非常感激。我喜欢时尚宽松的衣服，它们穿起来很舒服——不是所有东西都需要紧紧包裹。

想对15岁的自己说什么

我想说，“放轻松，事情总会有办法解决的，以后你就会明白的。有点儿耐心吧。”

第三章

不要在意肉毒杆菌

诺拉·艾芙隆（Nora Ephron）的观点“随着年龄增长你要投入更多的精力去维持保养”是对的，而且每当我想起她的“看起来很精致的时间每周只有8小时”的评论我就想笑。说到化妆打扮，我并不会投入很多精力。我的美容过程只有5分钟——包括化妆、清洁和润肤。我不怎么用护肤霜。这个单词除了用于打印，我不知道它还有什么别的用处（原文中的护肤霜为toner，该单词还有打印墨盒的意思）。但我在为本书调研的时候发现，当我们越来越老，并经过了更年期之后，我需要多地花点时间来呵护自己。每一位与我交谈过的美容专家都说了同样的话：“注意自己的身体。”53岁的国际化妆大师和美妆专家鲁比·哈默（Ruby Hammer）告诉我，“你不能指望别人来照顾你，在你忽略自己的时候让你看起来精神焕发。对自己负点责任，在这个年纪我们可不能怠慢。”也正是这个原因，我决定是时候改掉“简单抹抹脸”的习惯了。

“你的人生会映射在你的脸上，你该为此感到自豪。”

——劳伦·白考尔（Lauren Bacall）

市面上没有能产生奇迹的产品，“如果有一款神奇的抗皱面霜产品，我们可能就泡在里面不出来了。”美妆专家和化妆师萨拉·雷伯恩（Sara Raeburn）这样说，但是一套完整有效的护肤过程可能真的会有帮助。“我想用这5分钟善待我自己，”她说，“我十分认真地清洁、护理按摩我的面部。我的护肤过程介于冥想和训练之间（那种舒适惬意，充满乐趣的）；我把它看成一种适合皮肤的正念训练。”

我自己开发的一套自我调理流程是一套完整的美容和康体方法，而且涉及饮用咖啡

和葡萄酒——如同奥斯卡·王尔德所说，“一切都要适度，包括适度本身。”通过长期的锻炼（游泳，骑车，散步，普拉提——希望能再次把跑步也加进来），针刺疗法和不要频繁地照镜子，还是有效果的。要顾全整体而不是纠结某个细节。就像伟大的艾瑞斯·阿普菲尔（Iris Apfel）所说，“我不懂为什么有人一直盯着镜子然后担心他们的皱纹，对自己关注得有点过了吧。如果他们把这些时间用在丰富精神世界或者用在脸上，他们会好很多。”

我的肌肤状况

我没有专业的皮肤护理师，因此我对与萨姆·邦亭（Sam Bunting）博士之间产生的对话感到很好奇。她常驻伦敦，在哈利街有一个诊所，她的档期排得很满。“皮肤是人体最大的单一器官，”萨姆博士对我说，“我们可能没有安吉丽娜·朱莉那样的嘴唇，但我们可以让我们的肌肤达到最健康的状态。”她继续解释她的方法，首先是使用活性成分来矫正改善皮肤的医疗过程，之后是诸如嘴角上弯或者眉间舒缓的美容护理。

我主要担心日光带来的损害。与往常一样，我在后院里躺在我奶奶手织的毯子上，身上抹了很多椰子油。那时我们还没有防晒霜。不过幸运的是那里日光并不强。我们的家庭旅行基本都是从M6号道路前往北英格兰的湖区。我们会在天还没亮的时候就出发以躲过拥堵的交通——通常很早地到达目的地，然后坐在车里等着咖啡馆开门营业，然后坐下来喝喝茶，妈妈也能写明信片，赶在去露营地前把它们都寄出去。好在我们没有足够的预算去地中海地区，否则情况可能会更糟。

“对抗老化的过程就像战争。开销很大，造成的危害比受益更多，而且永远不会结束。”

—— 艾米·波勒（Amy Poehler）

我20岁刚开始工作的时候，赚够了去国外度假一次的钱，然后傻傻被晒黑了，这在那个时候并不奇怪。现在有了好用的防晒霜可以避免这个情况。在一定程度上，我使用的防晒霜防晒倍数随着年长和对肌肤损害的了解而增长。如果我更在意这点，像凯特·布兰切特（Cate Blanchett）那样戴着阔边太阳帽，穿着紧身衣的话，我的肤色也许会像她那样迷人。

现在让我们来聊聊肉毒杆菌注射剂。不过不在这里深入讨论。研究表明它可以让你更快乐、更平静，并且缓解失落抑郁的心情。但它并不会让你看起来更年轻（事实上随着你年龄的增长，你需要的肉毒杆菌也越少），它只会让你看起来更平和舒适。

当我看到某个人丰满的面颊或打了太多的肉毒杆菌/填充物的时候，会让我想起一个有着新窗户的旧房子，虽然窗户很新但与整个房子格格不入，看上去还是个旧房子。就像我说过的，这是个人的选择，但我永远不会

萨姆·邦亭博士的护肤建议

1

改变你在阳光下的行为方式

这是你能做的最重要的事情。

2

护肤方法要健康

善加利用你的面部特点比打满脸的填充物更重要。（后来萨姆博士说："我后悔这样说了，如果我的客户少了我可能自己也会这样做。"）

3

你该吃的只吃80%

剩下的20%吃你想吃的。

4

要有性生活

这会让你气色更好。

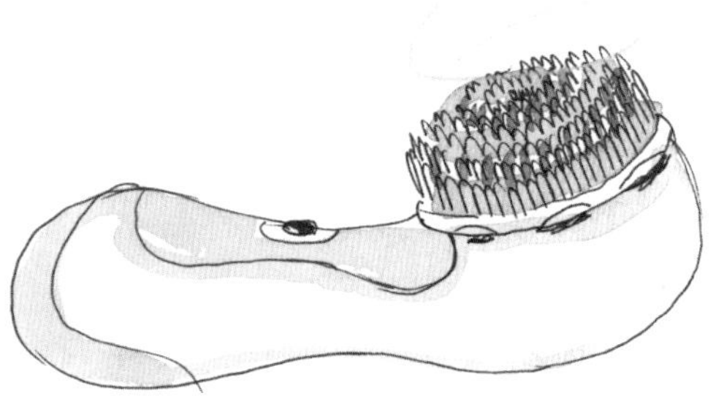

5

动起来！

你就不会看起来很疲倦。

尝试。我年轻的时候一直有男人跟我说，“振作点，亲爱的……”直到我39岁的时候遇到了*That's Not My Age*先生，他以为我在朝他皱眉（难以置信，他居然没看出来这一脸爱意），所以现在我已经习惯了我的长相。我并没有很反对打肉毒杆菌。如果你想注射，那是你自己的选择，但我觉得应该想想这里面的毒素和花费的金钱都去哪了。如同萨姆博士指出的，“你能对皮肤软组织做的就这么多——你无法阻止老化过程，你也永远不可能维持现在的样貌10年或20年。照顾好自己，做好皮肤护理，采用健康的生活方式。这并不是什么高深莫测的事”。

我当然不会把自己归为护肤专家，但我知道没必要让皮肤承担太多的负担，一天使用30多种护肤品。不要把事情弄得很复杂。你需要的就是一瓶面部清洁乳、美容液（或护肤油），以及带有防晒功能的保湿乳液。简·坎宁安（Jane Cunningham）是一位作家，同时也是British Beauty Blogger的创始人；她认为：“大量的科学研究和无数的市场营销活动被设计用来盈利以及掀起对抗老化的浪潮，但在我看来除非你特别想把钱花在一个虚妄的承诺上，你还是别再买只能在心理上感到舒适的美容产品了。”

面部按摩确有其效——问问朱丽叶·比诺什（Juliette Binoche）

徐素满（Su-Man Hsu）是一位51岁的明星面部护理专家，她服务的对象包括芙蕾达·平托（Frieda Pinto），朱丽叶·比诺什（Juliette Binoche），以及，呃，我。好吧，我只在三年里见过她三次，但让我幻想一下吧。当La Binoche（朱丽叶·比诺什的昵称）在拍电影的时候，她每天在正式拍摄之前，让素满为她进行半个小时的面部按摩。“我凌晨四点的时候看起来糟透了，”伦敦的那位护理师这样说（我不信，她故意这么说的），“但朱丽叶看上去好极了。”

我第一次预约的时候迟到了，在30摄氏度炎热的天气里，慌张狼狈地浪费了一个半小时在公共交通上。汗水从我的脸上滴下，头发凌乱地捋到后面，满脸写着筋疲力尽，而且很想上厕所，我看上去不能更糟了。徐素满的工作室就像一个充满禅意的静谧天堂。她本人也很迷人平和。她的治疗使用了高科技的、90%植物活性成分的产品（这个产品系列在网上有售）。我脱得只剩下内衣让我感到有点丢人；我一开始没想到会这样，所以我穿得挺不讲究的。我想象得出来朱丽叶·比诺什穿着Chantal Thomass的女士内衣和她优雅轻盈的仪态。素满的按摩技巧非常扎实——她的手法不只有敲打，还伴有揉搓的动作“从而直接作用于肌肉”。她的手指在脸上轻盈跳动，混了台式和日式的技巧，那感觉真是妙极了。

后来，我的脸完全变了一个样子。脸颊变得富有弹力且饱满，眼部周围的皱纹和松弛感都变淡了；我的整张脸都被自然地提拉起来。面部按摩是一种有效的肌肉活化方法，它可以促进循环并让肌肤容光焕发。“这是一种让人沉静下来的训练，” 素满明确地说，“护肤过程是一个庄严的仪式，不要把它当成例行公事。不要敷衍！”一起来看看素满的有效按摩指导吧。

化妆——少即是多！

我很幸运地遗传了我妈妈的好肌肤，而且和她一样，我基本都不怎么化妆。实际上我只见过她用过一只粉色的雅芳口红，我估计她只有这一只，可能这只口红的年龄比我还大。

当我成为一本女装杂志的时装编辑时，我对化妆的态度逐渐重视了起来。美妆总监很直白地告诉我“看不出化过妆”的妆容实际上需要下一番工夫，然后奢华的化妆品牌的免费试用装就被送到我这里了。不过即便如此，我也没有对美妆特别痴迷，并且这个新爱好很容易被放弃，当我成为自由职业者的时候，我发现大部分产品我都负担不起。

现如今我还是喜欢自然、没有过多粉饰的妆容。我很欣喜地发现，当我们越来越老，最好少往脸上抹东西。如同我一直都在坚持采用的方法，我感觉在我50多岁的这些年，这样做是最恰当的。“你无法负担这么多化妆品。它会让你更加老化，而且真的不适合你。”美妆专家鲁比·哈默（Ruby Hammer）给出了这样的解释。少即是多的概念同样被化妆师萨拉·雷伯恩（Sara Raeburn）拥护：“想一想那些让你羡慕的女性样貌；比如娜·德·拉·佛拉桑热（Inès de la Fressange）或者南希·谢威尔（Nancy Shevell），她们没有任何人看起来像化了很浓的妆，但她们都经过精心雕琢。”好吧，这算是种解脱。与年长的美容专家鲁比和萨拉交谈过后我留下了深刻的印象，每位女性都会回应你，花时间在你身上，去做那些让你变得更好的事情。我很难在工作—生活—博客三者间找到平衡点，从我自身失败的经验来看，很容易就放任自流，花更多的时间在网上而不是自己身上。也许这就是我这些天与每个人交谈过后都感受颇深的原因……

从来没有特定的化妆法则，我们有着不同的脸庞，不同的肤色和个性，所以这里有几个小忠告可以参考。

素满的自我按摩流程

请在洗脸之后完成这些步骤。坐着的时候更容易完成。（素满的视频指导可以在su-man.com上找到）

手肘抵在桌子上，用护肤精油按摩面部。
用手掌根部，从下巴开始，沿着颌骨直到耳根，
重复36次（在中国文化中，数字6代表幸运）。

用手掌根部从鼻孔边缘持续用力按压，
沿着颧骨下面滑到耳根。每次都顺着同一个方向，
绝对不可以从上往下按。
你需要向上提拉面部肌肉。

用中指按摩眼睛和鼻子上部之间的部位。
轻柔地沿着鼻子向下按摩到鼻孔两侧。
这对清理鼻窦和促进呼吸通畅有辅助作用。

4

摆出如图的手型，并拢放在前额的中间，
平稳用力（不要拉动皮肤）地向外按摩到太阳穴。

5

借助手指自身的重量，用指尖轻拍眼窝。
不要太过用力！眼窝上下分别6次。不要怕打眼皮。
它们很脆弱，而且这样会伤到眼睛。
这个动作可以减缓眼部上下的松散和肿胀。
每天一次就够了。

6

最后，用指尖稍微用力地拍打头皮和颅骨（用手指自身的重量）。当你完成整个按摩步骤的时候，
喝一杯温水来顺顺气。
并每周用一次去角质产品和面膜。

如何打造简单而不显老的妆容

1

多研究

“高效的美容护理过程会让你更自由，” 鲁比·哈默如此建议。“整个过程不需要花费一小时——但至少要用一小时来做足功课。你需要搭配不同的组合：尝试不同的腮红，找到最适合你的睫毛膏，提前在Bobbi Brown的柜台预约——在氛围友好的地方尝试不同的产品。”如果你总是一成不变或不确定如何调整你的妆容，可以和专业人士聊聊，前提是大致知道你想要什么。如果你有好想法，就告诉他们，“我原来是这个样子，但是我这部分不太明显，我要怎样强化它？”与化妆师一起探讨会给你最好的答案。从专业人士那里获得建议很不错——不过别让他们强迫你！

2

遮瑕膏是最好的帮手

“你需要两种不同的遮瑕膏：一种针对眼部，另一种用于修饰面部和遮盖斑点，”萨拉给出了她的建议，“大家主要的错误点在于他们用的遮瑕膏遮盖能力不足，这会让你的黑眼圈适得其反。随着你年龄越来越大，你眼睛下面会越来越黑，所以遮瑕膏也要随之调整。”但是别着急，鲁比提醒：“你的遮瑕膏需要让你的肌肤看起来是一个统一的整体，别看上去像带了个面具似的。Laura Mercier出品的Secret Camouflage遮瑕膏是我最喜欢的单品之一，它的色板里有两种不同的色度，可以让你自由搭配你需要的颜色——然后就可以用刷子蘸好轻轻地在脸上拍打了。”

3

眼睛即是一切

“眉毛极为重要，”萨拉说，“随着我们变老，眉毛会越来越淡，而且会慢慢脱落。我知道这都是老生常谈，但它们对于面部的修饰起到关键作用，所以确保它们经过精心修饰和打理——如果你不知道如何下手，就让别人帮你做。学会使用眉笔或眉粉来画眉毛。”使用优质柔软的眉笔轻轻地从眉毛内侧向外侧一笔画过，然后在需要修补的地方重新画几下（缝隙或者眉毛较少的地方）。使用干净的眉刷或睫毛刷向上把颜色混合均匀。多加练习会让你得心应手！“保持简单很关键，鲁比建议：“把睫毛弄得稍微弯曲一点，然后找到适合你的黑色或棕色睫毛膏。要让你的睫毛长而性感；我很喜欢Max Factor的masterpiece系列和Benefit的They’re real系列。有一件好的、适合你的就够了，但需要花费时间来使用掌握它。使用色彩自然的底色，然后在眼皮上面扫一下暗影，接着用眼线笔突出刻画（They’re real！和push-up liner都不错）或者在睫毛四周上暗影，要尽量贴近眼线。”

4

放开一点

“用色彩点缀一下会让你看上去更加灵动活跃，”鲁比说，“我喜欢Yves Saint Laurent的Baby Doll Kiss和Bobbi Brown的Pot Rouge。随着年纪增长，我们的面部会松垮，所以用一点腮红，沿着颧骨的曲线向上和向外刷一下，然后对着镜子确保颜色混合均匀。”

5

嘴唇的那些事

“不要用哑光效果的产品，”鲁比建议，“那种效果干燥而且显老气。我都是先使用润唇膏，抹匀之后再使用口红；Clinique的Chubby Sticks挺好用的，也可以尝试Benefit's的Benebalm水合润色护唇膏。嘴唇会随着年龄增长变得不再水润饱满，所以我在上嘴唇用比较自然的唇线笔（搭配自然唇色）——Lipstick Queen的Invisible Liner很不错——用唇线在嘴唇上面描绘，你可以把嘴唇画得看上去稍微大一点，唇线更清晰一点。如果唇线颜色很自然，那整个妆容也会很自然。”

少真的即是多

“当然，除非你是琼·柯林斯（Joan Collins）”萨拉笑着说道，“买那么多东西毫无必要；它们很快就会过时的。时尚每分钟都在变化，但如果你很想变得时尚，可以买个新指甲油。关键是你如何花钱；不追求多买而在于找到适合你的关键产品——然后学会怎么使用它们。如果使用更少的产品，你就可以把更多的时间用在化妆上！”

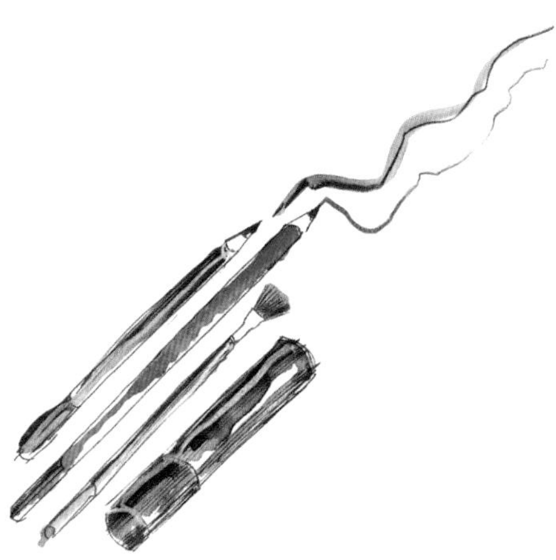

灰色头发很重要

有越来越多无私的发型师劝说他们的顾客放弃染发的念头并且保持他们的灰头发。他们不在乎这样做会导致他们失业，他们考虑的是怎样才是有益于顾客的而不是从顾客身上赚钱。“我一直强调我不会把别人变得年轻，我只是让人们在他们的年纪看起来尽可能得好，”国际发型师乔希·伍德（Josh Wood，他为超模克里斯滕·麦克梅纳米设计过造型）这样告诉我，“有些人自然的时候看起来更好。”出生在英格兰巴恩利斯的伍德认为，现在大家对发色的态度有了一些转变，“我始终认为头发应该呈现最自然的状态，否则它会让你比不染发的时候更显老。如果你过于纠结发根，那你头发的颜色可能选错了。”

“美从你决定做你自己的那一刻开始。”

—— 可可·香奈儿（Coco Chanel）

美妆编辑和瑜伽讲师凯瑟琳·特纳（Catherine Turner）认为：“我每隔几周就会去理发师那染一下发根，最后我发现顺其自然才是一种真正的解脱。”那时的她一头金发，是一本时装杂志的美妆总监，她正悄悄打算做自由职业，做更多的瑜伽训练并计划去印度的静修处来一次改变生活的旅行。“我不想成为那种精心维护生活的精致女性，有着一头飘逸的金发并经常打瘦脸针。我早就意识到我需要改变我的生活，我感到我的外在与内在并不匹配。我的头发不够真实。”拥有一系列针对灰色头发的奢华产品的White Hot Hair品牌创始人杰恩·梅列德（Jayne Mayled）有着同样的经历，“我想要真实地反映出我的感受。我的头发很早就开始变灰了，后来我不停地染发，但越来越难染色，也不像披头士乐队的保罗·麦卡特尼（Paul MaCartney）那样好看。”

伍德认为头发变成灰白的过程只是头发颜色的改变，而不是慢慢长出来。“不是放任自流，而是接受一定的灰色，掌握好正确的比例、色调和整体效果。”当然，发色和每个人的个人风格、妆容和全身造型有着紧密联系，所以当你做出改变的时候，也要适当调整下你的衣橱。要注意米色，如果运用不当会与你的肤色格格不入。同样注意有些强烈的、明亮的颜色。不要走特别疯狂的那种“嘿，看看我，我混时尚圈的”路线，参考国际货币基金组织（IMF）的总裁克里斯蒂娜·拉加德（Christine Lagarde）的那种商务风格，粉色的Chanel夹克和珍珠耳环，或系一条精致的丝巾搭配简单的黑色服装。多试试高级的蓝灰色或深灰色；海军蓝和深蓝色同样很优雅，黑色也是不错的选择，虽然我个人偏好全身的海军蓝色系。

“灰色是一种声明，很有冲击力，”乔希这样认为，“绝对不要走模棱两可的中间路线。你既可以非常极端；抹上色彩鲜艳的口红等，或者走非常自然的北欧风格。”

虽然现在有越来越多的女性认为试图看

起来更年轻和“气色不错”“感觉良好”没什么关系，但我们还有很长的路要走。当乔希告诉我他有些客户每十天就染一次发根的时候我真被吓到了。“这并不常见，我说的是那些位高权重却被同龄人评判的女性。”不是所有女人都可以自由地保持一头灰发；在某些行业里老年人仍被歧视。说得没错吧，比如英国广播公司！

我们不得不永远保持年轻以获得足够的自信，因此不得不在荒谬的美容过程上投入过多的精力，这种情形是病态的。“我们需要看到更多年长女性积极正面的形象，”杰恩·梅列德说道，“男女间仍有巨大的不平等存在。一个男人有一头花白的头发，他会被当成一个性感的老家伙，但如果是一个女人，那就只是个老太婆。这种不平等是潜意识的，但出租车司机对我会更照顾一点——这确实给我带来了很多方便。”

专业瑜伽讲师凯瑟琳承认，虽然有很多赞美之声，但坚持灰色并不容易，“有人在街上拦住我说他们非常喜欢我的灰头发，但即便这样，有时在我脑海里，我仍然觉得自己老了。我看我自己的时候，那种感觉很奇怪。”放弃染发需要一定程度的自信和自我接纳，如同凯瑟琳所说，“毫无疑问，发型、发色等与头发相关的东西是我对变老这件事的妥协，我在内心深处知道我无法回到从前了”。

自然地呈现

如果你想自然一点，来看看乔希·伍德是怎么做的。

1. 获得好的建议。你需要在身体上做好准备，并找到合适的发型师。你会与发型师建立长达一年到一年半的深度联系，所以确保与他们相处融洽。慎重考虑颜色和适用性。想好灰色度的百分比，以及什么程度的灰色是你想要/你能接受的。如果你的头发是深褐色，那过渡期并不容易，但如果你坚持住了，那还是值得的。有大概六到九个月，你看起来会像“Duracell电池”那样（发根和发梢是不同的颜色）；你到那个时候可能就会打算把头发剪短些了。

2. 坚持护理：有很多方法可以让头发保持水润柔软，灰色的头发看起来、摸起来都很干燥。所以就要做护理、焗油，让头发水润有光泽，选好洗发水和护发素。你要像克里斯蒂娜·拉加德那样把灰色头发打理得柔顺闪亮。她干净利落的短发造型非常活力而有光泽；虽然下了很多功夫，但一切都是值得的。如果她要搬到唐宁街10号（英国首相府）的话，我们都会支持她的。

凯瑟琳·特纳（Catherine Turner）的灰发精选产品

据她所说，自从她的头发恢复了本来的颜色，她的头皮变得更加健康了，她的头发也不用频繁打理。以下是凯瑟琳为灰色头发精心挑选的产品。

Bumble and Bumble出品的Surf Foam Wash Crème Rinse（冲浪系列护发素）

温和地清洁和调理，让头发更具气质。

Purely Perfect品牌的洗发露

一种无泡沫的清洁用品，这种植物成分的、具有护发功能的洗发水让我的头发无比洁净，而且像孩童的头发那样闪亮有光泽。这款产品用起来真的很顺滑，因为它已经自带了护发素成分。

Pureology出品的Perfect 4 Platinum Miracle Filler Treatment（Perfect 4 Platinum系列奇迹填充修护）

这款优秀的产品可以让暗淡的金发焕发新生，重返光泽——用一点就可以保持很久。我发现有的护发产品会有修复不均匀的情况，有时会遗留白色的发丝，这款产品的使用效果则柔和很多。

Aveda Pure Abundance Style Prep（Aveda丰盈造型喷雾）

我会喷在梳子上，然后梳一下用毛巾擦干的干净头发，为头发增加一些活力。

Aveda Damage Remedy Restructuring Conditioner（Aveda损伤修复护发素）

我通常会在头发变得干枯的时候，使用这种含有蛋白质的修复护发素——真的很有效果，可以经常使用。

Sans（Ceuticals）出品的充盈洗发露和护发素

一个来自新西兰的无化学添加剂产品系列。它们很滑腻（一般来说我不喜欢这种类型的洗发水），但用在头发上非常清爽，有一种淡雅的香味，并让头发如获新生。

John Frieda Luxurious Volume Touchably Full（John Frieda奢华蓬松丰盈洗发水和护发素）

最值得买的高街护发品牌——拥有完美比例的清洁效果和修护功能。

不是灰色的头发也很重要

我本想说，头发和化妆一样，最自然就是最好的，但我想起大名鼎鼎的格蕾丝·柯丁顿（Grace Coddington），她已经74岁，头发如同烈焰一般。但别忘了她的对象是一位发型师。所以，如果你想持续染发，你需要一名顶级造型师，并开始使用腮红。

或者尽可能地还原原本的发色，避免出现Macca的那种造型。一般来说，更浅更亮的颜色让肤色更具吸引力，深色则看起来更严肃。

“剪发即是一切，”我的发型师盖伊·希利（Guy Healey）说，“它之所以重要是因为它可以让你脱颖而出，而且一个简单自然的发型无论任何年龄看起来都很好。我建议定期对头发修剪，我每次理完发之后都感觉棒极了，这样我的发型会保持得整齐完好。”

“每周做一次护发保养，”乔希·伍德建议，“使头发保持得体讲究很关键，特别是头发相对较细的人。”

不要过度做造型：常规的吹风机做造型还好，但如果吹得太过则会起反效果。在一个朋友的50岁生日派对上，我想尝试下优雅的60年代发髻造型，我20岁的时候常常这样打扮。那次尝试让我感觉比上一次这样做困难多了，但我很有耐心，虽然白头发也多了不少。最后以把头发重新洗掉告终，我要么就正常地参加派对，要么顶着一头像假发一样的造型出现。

这个故事告诉我们：打扮成现在的你自己，而不是曾经的自己。

“即便上了年纪，
也依然可以躁起来”

——克里斯滕·麦克梅纳米（Kristen McMenamy）

VICCI BENTLEY的香味感官

我曾和我的朋友，香水专家和获奖作者维奇·本特利（Vicci Bentley）聊了聊香水：

“好的香水就像‘合法的兴奋剂’，让你在情绪低落的时候振作起来，或者当你身处满屋陌生人的房间时给你带来勇气。这种无形的配饰定义了你的风格，香水有一种神奇的魔力，它会升华你的全身造型——或者毁了它。因为有的时候，散发着那种扑鼻而来的浓烈美食调香会被看成是一种在嗅觉上的幼稚行为。同样的，香甜的水果花香闻起来就像廉价甜酒。如果你听到“浓郁的梨子”“鲜脆多汁的苹果”，或者，“棉花糖”的时候，赶紧离开那个柜台，马上。

“适合女性的香味应该清淡缥缈，但混有一点热情的香气和余韵（当你离开房间的时候，淡淡的香气能够引起别人的注意，并非是那种痕迹强烈的香味）会成为你的个人标志。其中最有感觉的是西普香调（chypres），也就是法语中的塞浦路斯，温和的橡木苔藓香调标明了它们的起源之地。经典的香水如Miss Dior（太过成熟以至于听起来不像是年轻的香调！），Rochas Femme，以及Eau d’Hermès都来自这一香调——如果你喜爱它们多年，为什么要换呢？然而女孩儿们就是喜欢经常更换香水，市场调研表示当我们过了30岁，我们很可能会坚持使用某一款可以代表自我的香水长达十年，然后转移到另一款开始下一个十年。当我们到65岁的时候，我们可能使用最爱的那款香水超过20年了。

“你会和一款香水约会吗？得益于持续发展的香水制作技术，现代的香水可以比几十年前推出的留存更久的时间。但也有不好的方面，很多传统的原料现在被限制使用或已经禁用了，曾经含有这些原料的经典香水都被重新“编辑”过了——这也是为什么你会感觉你曾经最喜欢的香水不像过去那样深邃和浓厚的原因。

“不过不要对新版本的经典香水嗤之以鼻，比如Eau Première这款香水，年轻和“清淡”版本的Chanel N°5，各个年龄段的人都认为它比旧版本更清新和容易使用。或许你只是喜欢截然不同的新东西？同样的，你的着装造型也会在你30岁和40岁的时候得到改进和提升，在更年期后失去对某类香水的兴趣也是有可能的。虽然可以归结于激素水平的下降，不过让我非常惊讶的是，我变得更喜欢花卉而胜过皮革。

“可这并不意味着我全换成了蕾丝和薰衣草元素。我的情况是可以激发我情绪的因素和柑橘、橙花联系在了一起，它们是香水中最富有激情、最热烈兴奋的组成部分。日本的学术研究表示，葡萄柚（就像Jo Malone Grapefruit Cologne 葡萄柚香水）成分甚至有助于让你显得更加苗条和年轻！我现在喜爱的香水是Editions de Parfums Frederic Malle（馥马尔香氛出版社）出品的Eau de Magnolia——一种以橡木苔为基调，带有细腻的柠檬香和木兰香的“自我疗法”。

“最后一个建议：不要喷得太多。我们的嗅觉机能会随着年龄的增长逐渐减弱，所以如果你置身于浓重的香气中，可能会产生与年龄不符的副作用。如果你的皮肤很干，香水会挥发得很快，因此芳香身体乳可以让香气留存的久一点。重点是，不要成为人们在巴士上敬而远之的老太婆。那些在你身边的人会注意到你使用的香水，即便在你离开后也能察觉到。好了，我把那瓶放在哪了……”

KIEHL'S
STYLIST SERIES
WOW

我所了解的美妆

1

多花点时间以准备妥善

化妆的效用与年龄的增长成反比。也就是说，当你正值青葱岁月，随便化个妆都很漂亮，但当你到了退休的年纪，则不会这么容易了。以匆忙慌乱为新一天的开端并不是个好主意。

2

少即是多

任何事都不要做得太过，浓妆艳抹只会看起来像芭芭拉·卡德兰（Barbara Cartland）的那种风格。自然即“看起来像没化过妆”的妆容才是最好的。

3

动起来

出去走一走，做做普拉提。

4

优雅的发型值得你为之花钱

头发造型不用看起来特别整齐，也不必非常刻意。那些富有魅力的法国时装编辑们看上去都有一丝松松垮垮的随意感——但是记住这一点，充满时尚感的松散凌乱和打理不好之间有着明显的分界线。

5

灰色也不错

（见第74页）——如果你能打理妥当。

6

当你上了年纪，清洁很重要

毛孔扩张的时候脏东西和化妆品会进入其中。这也是为什么我选择Clinique的声波清洁刷。

7

请专业人士帮你修剪和打理眉毛

同理适用于嘴唇上的绒毛和足部护理。

8

买一个有放大功能的镜子，但不要经常照它

9

太多的添加剂，太少的真实肌肤

注意有这些关键词的产品：抗氧化物（细胞保护），玻尿酸（线条充盈丰满）视黄醇（维生素A；丰盈）。

10

如果都不好用

试试调暗灯光……

凯·蒙塔诺

（Kay Montano）

在过去30年，这位出生于伦敦的造型师合作过众多大牌杂志、摄影师和模特。她作为联合作者，与女演员桑迪·牛顿（Thandie Newtow）一起运营着美妆和生活方式网站*THANDIEKAY*。

“想对15岁的自己说什么？
15岁的我才不会听呢！”

关于年龄

一个女人刚到达巅峰状态的时候，媒体和社会却说她不再是社会的核心了。这真的是一个令人费解的问题。我最喜欢的一句话是，“变老是再正常不过的事”。我们注定会变老。在某一个瞬间我接受了这一事实。这种如释重负的感觉好极了——而且我根本不在乎别人的冷嘲热讽。

关于成为化妆师

就像拥有一根魔杖。化妆师是贩售梦想的职业。创作一张好照片需要很多有才华的人投入其中——比如令人惊艳的摄影师和造型师。我把我的职业看做是对不曾改变之人的说服与布教。我通过这样的导向以引导他们：“这样看起来不好吗？”或者，“我们为什么不找一位黑人模特，或者一位中年模特？”改变会由内而生。我想成为特洛伊木马，来改变事物。我想成为像戴安娜·弗里兰（Diana Vreeland）那样伟大的人。

关于名声

在我们生活的社会中，女孩子的价值来自她的性能力；金·卡戴珊（Kim Kardashian）因为一盘性爱录像而出名。全世界最有影响力的女人因为一盘性爱录像而出名？！这是社会的倒退。我的家没有电视，也没有时尚杂志。它们都是虚妄的许诺和幻影。我更愿意做一些其他有创意的事而不愿被他人摆布。但我也不是那种很无聊古板的人——我还挺喜欢《实习医生格蕾》（*Grey's Anatomy*）的。

关于老淑女革命

我认为我们应该非常谨慎，它不能变成反时尚的聚集地。我们过分地关注人与人之间的不同之处：黑人/白人，老人/年轻人，我们应该更多地关注相似之处。改变的产生由内而外，来自诸如理查德·阿维顿（Richard Avedon）这样的有独特坚持的人，他曾在20世纪70年代的时候，拒绝和美国版《*Harper's Bazaar*》杂志合作，因为杂志不同意他选亚裔超模China Machado作为模特。

关于休闲放松

我有很多种方法。我有一条狗和一个永远在布置中的房子，如果你想做让自己开心的事情，你一定要自己动手。我喜欢创作，喜欢那些富有创意的项目。我们有很多工作要做，但桑迪和我都亲力亲为地做网站，这个网站代表着我们。我天生就很神经质。就像伍迪·艾伦（Woody Allen）那样。我通过不断地从事创意工作、在我的生活中创造美好，从而把自己从焦虑的情绪中解放出来。

关于美

有些女性一生都很美丽。有些人的美丽则在不同时间盛开。我很受不了有人说，“哦，你都这个年纪了，看上去不是挺好的嘛，这本来就是47岁的样子。”不要让外表定义你自己，真正关键的是你生而为人更加本质的东西。

苏·克雷兹曼

（Sue Kreitzman）

艺术家、馆长、英国Channel 4频道纪录片*FABULOUS FASHIONISTAS*中的时尚达人之一，苏·克雷兹曼有着很多身份，她还是位前美食作家。一位移居英国的纽约客。

“直到我看到纪录片*FABULOUS FASHIONISTAS*，我都没意识到我老了。”

关于老淑女革命

我们是聪明的女性，我们对整个社会产生影响，这才是这项运动的本质。而不仅仅是打扮得漂漂亮亮地随便走走。人们现在对中老年女性更加关注；我们就在这儿，我们不会就这么消失的，慢慢适应去吧。

关于艺术

我做美食作家、美食节目厨师很多年了。我仍然不清楚当时发生了什么，我的精神很紧张，甚至有点崩溃，然后开始对绘画疯狂着迷。我日以继夜地用马克笔和指甲油疯狂地画画。我不得不保持开窗通风以便于刺鼻的气味扩散出去。我对艺术极为热衷，这点是毫无疑问的。我的世界就像是一个专为成年人打造的古怪版迪士尼乐园，我对艺术有种强烈而持续的冲动。

关于苏·克雷兹曼风格

我的红色眼镜是从伦敦的斯皮塔菲尔德复古集市上花了6英镑买来的。卖我眼镜的那个人让了价格——我想他一般会卖15英镑。我的衣服是专门定制的，我从世界各地收集面料，然后艺术家劳伦·珊利（Lauren Shanley）将它们变成了我的拼贴外套，以及戴安·戈尔迪（Diane Goldie）为我手绘的夹克和和服。我的配饰都是纯色，极具夸张疯狂的想象力。我自己制作了很多饰品。把艺术品穿在身上的时候感觉非常妙。

关于年龄

我从来没有真正变老；我工作的方法，我观察世界的方式，我打扮的风格……让我保持年轻，让我保持自由。但身体上还是有变老的迹象的：我的听力和视力都不如从前，而且容易累。我已经75岁，所以我午睡，我不能再长时间超负荷工作，但我仍旧多产。只要你还有理智，而且比别人有更多的经验，变老是一种优势和特权。好好享受吧。

关于成为造型偶像

我从没喜欢过时尚。我只做自己的事情。70年代我在纽约生活的时候，经常穿复古风搭配民族风饰品。我的造型非常夸张。我在一本烹饪杂志工作的时候，有位同事跟我说，“我每天都看看你今天会穿什么来工作。”现在我登上了*Sunday Times Style*杂志的封面。天呐，我用了整整70年才挤进了封面酷女孩的行列。

想对15岁的自己说什么

我会说：“你不会相信未来发生的事。”然后15岁的我可能会说：“我可能是幻听了，真奇怪。”

温蒂·达格沃斯

（Wendy Dagworthy）

她是英国时尚行业中最有影响力的女性之一。同时也是伦敦时装周的创立者之一，前设计师，在英国皇家艺术学院执教十六载，去年夏天从皇艺退休。她保留了在英国时装协会的席位。

“我迫不及待想做我原来工作时做不了的那些事了，比如为期六个月的印度之行、赛马以及装修我们的新家。”

关于成为服装设计师

在80年代当一名服装设计师有很多的乐趣，所有事都很新鲜，完全没有模式化一说。一场秀就这么顺理成章地举办了。我很惊讶在商店里看到自己设计的衣服，还有人穿着它们——虽然不总是按照原本设计好的那样穿着。现在的环境比原来更加残酷，且有更多的公司介入。时尚已经彻底地全球化了——但每个品牌都有自己独特的身份和形象，这是我建议年轻的设计师们需要做的事情：找到他们自己的特点，然后对自己要有信心。

关于年龄

我不在意变老。我不怎么思考关于年龄的事。我认为应该认真对待生活，你也不知道未来会发生什么。当我关掉我的时装公司时，我没有留恋于过去的风光岁月。我朝生命中的下一个阶段前进。你一定要积极面对，否则生活将变得痛苦难熬。

关于艺术学校

我很幸运地能在伦敦任职于最好的两所时装学院，和出色的学生们做出色的事情。能在皇家艺术学院出任院长一职我感觉无比荣幸：见证同学们完成学业，遇到不可思议的人们，管理各种事务。90年代在中央圣马丁的工作同样令人激动。我们有非常棒的学生，比如侯赛因·卡拉扬（Hussein Chalayan），斯特拉·麦卡特尼（Stella McCartney）和亚历山大·麦昆（Alexander McQueen）。看到学生们努力进步、完成学业我很高兴；现在的情形则艰难很多，尤其是学费和其他相关因素，但我也认为同学们更加专业、大胆和敢于思考。世界的大门向他们打开，他们对于前往另一个大陆或国家没有丝毫的犹豫。

关于风格

我不明白总有人说他们找不到适合他们年纪的东西。你为什么非得要一些和别人不一样的东西呢？我的穿着打扮与学生们无异。我经常穿COS的简单连身裙（那里有很多我教过的学生），配一个很大的项链和我标志性的银色手镯（我数了下，在我们做访谈的那天我一条胳膊上有20个）。它们都是我先生约翰为了过生日、圣诞节和纪念日，从古董市场上给我买的。我穿着Saint James的条纹水手服和Levi's 501s牛仔裤很多年了，现在即便我退休了，我也会频繁地穿它们。

关于头发变灰

我保持染红头发很多年，但它逐渐落伍了，像70年代的风格。所以我想，放弃吧。这是跨度很大的一步，用了我三年的时间以及坚持不懈的努力——有好几次我想去美发师那里把头发染回来。你要对自己有信心，告诉自己，“我要变老了”。但我认为当你变老的时候，你的肤色也会产生变化，灰头发不会使你的脸很突兀，不会像染过的头发那样刺眼。我很高兴不用再去找美发师了。

想对15岁的自己说什么

享受自己。相信自己。要友善、要积极，不要对做过的事后悔，追寻你的梦想，尽人事听天命。

第四章

衣柜必需品

自信来自那些在现实生活中也能发挥作用的服装和饰品，而不仅仅是在秀场、精美的时尚杂志和“今日穿搭”的博客照片光鲜亮丽的服装。我喜欢称这些可靠实用、穿上修身的必备单品为衣橱胶水，它们就像黏在我身上一样（这句话是我自己加的）。我很少在自己的博客*That's Not My Age*上放自己的照片，原因之一是我经常穿同样的衣服。不是那种“无所谓了我随便穿吧”那种心态；它们是我专为我现在的年纪准备的舒适制服。我很认同的一条时尚法则就是买多种类型的基本款；它们可以穿一辈子。如果我们年轻时是各种尝试新风格和标榜自我的时代，那么FAB一代则是精炼和统一。经过了这么多年我们已经知道什么合适什么不合适——现在是来最大化地实践个人搭配经验的时候了。

风格就像是百变的凯瑟琳·德纳芙（Catherine Deneuve），一种风格在时尚圈中只是昙花一现，难以长久持续。时尚趋势不是最重要的。重要的是要穿你喜欢的衣服，穿能够让你高兴快乐的衣服。有时你曾经喜欢的风格或单品值得你再次尝试。说到这，我想到了卡其色军装风夹克，Levi's 501s和连身裤。选择让你产生自信的，适合你的身材并且穿着舒适的服装是“看似毫不费力”的休闲风搭配的基本要求。我知道穿着舒适这一指标听起来并不是那么优雅，但没有人能穿着四英寸高的高跟鞋充满自信地走在街上。要不然德纳芙怎么会在她的黄金年华中一直穿着Yves Saint Laurent的礼服呢？

找到合适的衣橱必备单品要下一番工服，但变老是一个非常漫长的过程，所以打好基础是很有必要的。选好必备单品，搭配合适的出行装，最后用配饰点缀一下，准备好动身了吗？

我的造型基础款

1. 能实际穿着走路的鞋子

1920年，可可·香奈儿曾在比亚里茨的海滩上拍了一张身体向后微微倾倒的照片，我看过之后，优雅休闲风在我心中生根发芽。白色的太阳帽轻巧地戴在整齐的短发上，男士廓型开襟毛衣搭配简单的白衬衫，她双腿优雅地交叉，穿着一条针织过膝裙，整身造型已经气质非凡，她脚上的双色皮质鞋成为最后的点睛之笔。香奈儿穿着男士鞋子，一双平底的可以走路的鞋子。同样，在第一次世界大战过后的早期男孩风潮中，这张照片也标志着女性越发独立的精神。这位精明的设计师也许不是第一个穿男鞋的女性——我敢肯定陆军、女权主义者和其他没有在沙滩上后倾的女性都在她之前穿过——但穿着自己设计的服装，展现自己的服装品牌，和同样富有魅力的人们社交产生了无数的新闻头条，这正是她成功的关键。专注于舒适、便于运动、简洁的风格，香奈儿开创了一种更加便于运动的生活方式——一种运动的、现代的、实穿的风格。如同戴安娜·弗里兰（Diana Vreeland）所说，“她为女人们开创了20世纪。”当然，她也穿舒服的鞋子。

我大部分时候都穿舒适的鞋子；当布洛克鞋重回时尚前沿的时候我高兴极了——这就是我想说的那种舒适单品。时尚充斥着各种各样的“男友风”；比如Céline的设计师菲比·费罗（Phoebe Philo）和J. Crew的珍娜·莱恩兹（Jenna Lyons）的精致假小子风格。经常出现在狗仔队镜头中的女性如索菲亚·科波拉（Sofia Coppola）艾里珊·钟（Alexa Chung）等人的照片，也进入了主流视野，并在互联网中扩散。幸运的是，这种现代前卫的女绅士风格——一件廓形稍大的衬衫搭配细腿裤和运动鞋——是完全实用的穿着风格。即便你的另一半是老男孩儿而不是俏男友的时候也是可行的。

当然曾经也有过一段时间，我穿着很普通的鞋子走在街上：作为十几岁的年轻人，我可以把双脚挤进20世纪60年代的二手尖头鞋里，然后去黑谭快乐海滩（Blackpool Pleasure Beach）的Calypso酒吧里泡吧——到处都是塑料棕榈树和不堪的发型，偶尔不去酒吧的时候我会去看Cannon & Ball（Blackpool Pleasure Beach当地的一出情景喜剧）。后来我做了时装编辑，那段时间我经常穿着尖头小高跟鞋，然后从我的加长衣柜中搭配各种服装。成为自由职业者，享受绝对的自由，是一段很棒的经历。后来我开始穿着Converse All Stars，我20多岁以后就没再穿过帆布鞋，在这样一个注重年轻人的行业，这可能是一次下意识地针对孩子们的尝试。但是几个月过后，我的双脚开始感到不适。我那时40岁，做着自由职业，开始感到痛苦。

“如果一个女人想摆脱高跟鞋，她应该从搭配一顶好看的帽子开始。”

—— 乔治·伯纳德·萧（George Bernard Shaw）

长期穿着质量一般的平底鞋，或者仅仅是过了40岁，很容易引起足底筋膜炎（一种叫作足底筋膜的带状组织受到损害或变薄）。我不确定我是否真的得了这种病，我是在报纸上看到的。自我诊断真是一种奇妙的机制。不过我确信的是，这些在20岁的时候穿着糟糕的UGG靴子和鞋底像纸一样薄的帆布鞋的年轻女性和Y世代女性，都可能在中年的时候被足底筋膜炎困扰。

最好的鞋履造型

1

切尔西鞋

搭配黑色吸烟裤和翻领毛衣，
一种非常现代的风格造型。

2

布洛克鞋

可以搭配裤子、半裙、连衣裙，
非常百搭。记得配一双彩色的袜子。

3

饰皮便鞋（平底或低跟）

可以搭配牛仔裤，更适合超长晚礼服
和丝质女式衬衫或T-shirt。

马靴

参考克里斯蒂娜·拉加德
（Christine Lagarde）的搭配。

5

懒人鞋

搭配卷腿牛仔裤或露一点脚踝的
休闲裤。

低跟或中跟的皮革短靴

法国*Vogue*杂志编辑的风格，
可以搭配修身牛仔裤和夹克。

勃肯鞋

希望它可以永远被时尚眷顾。

低帮沙滩鞋或洞洞鞋

北欧风，搭配宽松连衣裙和
彩色连裤袜。

9

半高跟鞋

搭配雅致的连衣裙以保持格调。

10

亮面窄带露跟女鞋

最时髦的方式来展示你的
卡普里七分裤。

看过很多正骨医生和理疗师，经过多种诊断和治疗后，我最后带上了矫正器：巨大的塑料鞋垫，而且它没法放进任何好看的、正常尺寸的鞋子里。我用了好几年矫正器，仍然清楚地记得有一次商业拍摄的时候，我那硕大显眼的矫正器塞进一双廉价的平底鞋里，当时的气氛无比尴尬，我的矫正器和广告公司里的其他东西形成了鲜明对比。就是那个时候，我决定与其花费数千磅在丑陋的矫正器上面，我还是把钱用来买舒适得体的鞋子吧。比如Church's、Margaret Howell和Grenson等品牌的鞋子。从此我的双脚舒服多了。所以，我想我不用再强调一双舒服的鞋子的重要性了吧——如果你的双脚很难受，我们又怎能保持优雅迷人呢。

2. 迷人的蓝色衬衫

有些人极其推崇白衬衫，但我更喜欢小蓝衫（Lovely Blue Shirt，LBS）。我小时候就发现了它的价值，结束了女童子军生活的一周之后（虽然幼女童军更好玩），我马上就想到我需要尽可能利用我妈妈花大价钱为我置办的制服。我是Bay City Rollers乐队的忠实粉丝。我剪出了苏格兰裙的造型，在领子和袖口绣上了格子呢面料，然后在我那件颜色一般的蓝色聚酯纤维衬衫背面绣上了歪歪扭扭又很明显的ERIC字样。这种对偶像过于显眼的喜爱并没有持续多长时间，坐在巴士前排的高年级男生一直嘲笑我，不过我也快速地了解了如何装饰、DIY和欣赏真正的音乐。保持简洁，保持真实（纯棉或亚麻纤维），把它留给自己。

在热潮中带来一丝凉意，小蓝衫非常的百搭：它可以搭配铅笔裙、长裙、大部分款式的裤子，并为你的造型增添一份优雅和迷人。当然，它还能为臂膀提供完美的遮蔽（你会想要的），它对肤色的提升能力也是绝无仅有。它的优点太多了。我最喜欢的小蓝衫时尚瞬间是格蕾丝·凯利（Grace Kelly）曾经的一个造型［来自摄影大师豪厄尔·柯南特（Howell Conant）的书中］，照片中的她用标志性的女性风格，完美地呈现了纽扣小蓝衫搭配男性化压褶下装。罗塞拉·贾丁尼（Rosell Jardini）也同样优秀，法国时尚摄影师嘉兰丝·多尔（Garance Doré）曾给这位62岁的意大利时装顾问拍过一张非常好看的照片。照片中的蓝色衬衫点亮了整张照片。我的穿搭建议是，保持轻松，然后选择稍微宽松一点，像是从男朋友那里借来的款式。

当然了，必备的单宁牛仔衬衫也在选择范围内。牛仔、叛乱分子、摇滚明星和诸多名人都穿过，从克林·特伊斯特伍德（Clint Eastwood）到凯特·摩丝（Kate Moss），詹姆斯·迪恩（James Dean）和简·柏金（Jane Birkin），这种勤恳朴实的服装结合了反文化的风格和高级时装的精髓。无论是在T台秀场还是其他地方，这种非常保险妥当的面料一直都是我衣柜中的常客。单宁布经典、耐用，且具有一定功能性——它是四季皆宜的必备单品衬衫。

单宁衬衫进阶指引:

- 单宁衫可以且适合搭配牛仔裤。用不同的颜色层次打破刻板形象。尝试浅色上衣搭配深蓝色牛仔裤，或蓝染衬衫搭配黑色牛仔裤。
- 每天的日常穿着，可以用单宁衬衫搭配皮革铅笔裙或黑色休闲裤。
- 深蓝色给人的感觉更讲究，而且适合在办公室穿着。

3. 省时省事的黑裤子

女人并不总是穿裤子。分叉服装（以及羊腿袖，都是我认为非常绝妙的时装造型）作为骑行时穿着的服装，最早出现在20世纪早期。到了30年代，好莱坞影星凯瑟琳·赫本（Katharine Hepburn），葛丽泰·嘉宝（Greta Garbo）和玛琳·黛德丽 （Marlene Dietrich）开始尝试中性化穿着风格，她们穿着黑色定制裤装大步前行。直到70年代伊夫·圣洛朗（Yves Saint Laurent）带来了他的Le Smoking吸烟装—以及大洋彼岸的侯斯顿（Halston）引入了 “一站式穿着”——裤装正式走进了现代生活。虽然在工作场所不是这种情况，80年代的权力西服套装都搭配窄筒短裙，我都不记得我上次穿裙子是什么时候了，也许是上个世纪吧。既然省时省力的裤装也同样优雅，为什么不多穿它们呢。事实上，如果不是Acne的伸缩帆布裤装（中腰款，修身休闲裤管，背部拉链）为我节省了宝贵的时间，让我在吃早饭的间隙完成博文撰写并在网上推送，这本书可能不会存在。所以，除非谷歌发明出

《超级无敌掌门狗》(*Wallace & Gromit*)中出现的机器在早上为我穿衣打扮，我更依赖这种衣橱必备的基本款，以便让我在10分钟内换好衣服出门。

显然经过一段时间之后，廓形和版式会有些改变。90年代Dirk Bikkembergs出过一条低腰小喇叭灯芯绒直筒裤，那时无人问津，但我现在很想搭配一双尖头平底鞋再次穿上这条裤子。永远穿着黑裤子的帕蒂·史密斯(Patti Smith)穿过70年代极为流行的喇叭裤——她单脚站立在壁炉台上，向罗伯特·梅普尔索普(Robert Mapplethorpe)的镜头展示着自己的美丽——她还喜欢瘦腿裤，也穿过Ann Demeulemeester出品的低腰款裤装搭配街头靴。卓越的品质和优秀的剪裁是重中之重，如同品牌创始人和时尚专家金·温瑟(Kim Winser)告诉我的："很多(裤子)的设计和剪裁都很糟糕，使用廉价面料制成，看起来很平庸。黑裤子是很重要的值得投资的单品——它们可以在工作场景中穿着，可以在晚上穿着，或者日常出门穿着——一条合适的黑裤子会让你一直为之骄傲和自豪。

上个冬季，我一直穿着Eileen Fisher的蜡光紧身牛仔裤。我完全爱上了这种用黑色休闲裤搭配皮革踝靴来修饰腿部线条，凸显优雅的女性气质的造型搭配。到了夏天，可以用松垮的针织休闲裤或卡普里7分裤搭配狩猎衫；我有一条款式很老的Gap 7分裤，每个夏天都会穿着——它们虽然不是Yves Saint Laurent设计的，但它们让我很舒适；这种方便的裤装亦是一种永恒经典。

4. 一件精彩的外套

几年前我去南伦敦画廊(South London Gallery)参观墨西哥艺术家加布里尔·库里(Gabriel Kuri)的展览，我和*That's Not My Age*先生在一座雕塑前停下脚步开始欣赏。作品名为Shelter(庇护)，是一次对"住宅、援助和经济的图像化表达"，它由一系列物品靠在墙边组成：包括一些剪断的信用卡和一个挂了很多衣服的衣架。"那有点像咱们的走廊，"他说。尽管有人不同意，但我发现衣柜里需要精选一些好的外衣类单品。有时只有最外面的这件衣服才是别人能看到的，又有谁愿意整个冬天都穿同样的衣服呢？混搭起来的效果会很不错——而且有那么多漂亮款式可以搭配：椭圆廓形，披风外套，风衣，克龙比大衣，派克大衣，军装夹克等。而且他们不会让你的信用卡产生过多的负担，一件得体好看的大衣可以在普通商业街中找到，我大部分的外套都是从南伦敦布里克斯托市场买到的。

一月中旬去公交车站走一圈，我保证有很多人面色苍白穿着厚实的黑色外套。我强烈推荐穿上跳脱于人群的唯美外套。在我这个年纪，死气沉沉的可不是个好主意，所以考虑考虑怎样搭配能显得富有生气。以下是我的建议：

复古风情

缪西亚·普拉达(Miuccia Prada)喜欢尝试各种面料；这位极具影响力的设计师说过，"我用难看的面料制作难看的衣服：只是

品位不好。但最终它们看上去还不错。”这也是为什么Prada的成衣系列中，总有一款风格复古又吸引眼球的大衣。我最喜欢的大衣是一件60年代的人造毛豹纹印花大衣，于多年前购于一个旧货店，我给它取了个小名叫“野兽”。我不确定什么时候假毛成为了人造毛——也许是安娜·温图尔（Ann Wintour）被一块豆腐派扇到脸上的时候——但我们还是在这里继续使用专业的时尚术语吧。我的小野兽陪我走遍了世界：巴黎，纽约，北极圈（同时还有厚背心和发热衣），但很可惜的是，唯独伦敦时装周的时候我没法穿着它。我可不想被年轻的街拍博主四处寻找有些年头的面料而打扰。豹纹印花大衣在他们眼里就像猫薄荷一样。一束巨大的猫薄荷。我懂，最近高街上的每家店，都有一件像是凯特·穆斯偏爱的风格的廉价动物印花外套，不过我的野兽更为高级。幸运的是，我同样还拥有“大熊”，一件50年代棕色绒毛大衣，它穿着起来也很舒适，而且造型低调，完全不会引起别人的注意。

值得信赖的经典款

对于从不穿米色的人而言可能就是这样的情况，有时更商务的风格也是需要的。一件时髦的深灰色、海军蓝或者粗花呢单襟大衣代表了“惬意和极致的优雅”。

讲究的驼色系带大衣是另一个经典的款式。参见维罗妮卡·莱克（Veronica Lake）在普莱斯顿·斯特奇斯（Preston Sturges）的电影《苏利文的旅行》（*Sullivan's Travels*）中的造型——简直就是华丽和优雅的化身——不要在意苏·克雷兹曼（Sue Kreitzman）所说的“米色会杀了你”。它不会的。勇敢地穿上它，搭配豹纹印花和亮红色，沐浴在驼色的金色光辉中。不难想象为什么MaxMara可以从这种永恒的经典款式中获利无数了。

精巧的外套

10岁的时候，我妈给我买了一件艳丽的天蓝色带帽夹克。几周后我在一次后院拍卖会上以50分的价格把它卖掉了。幸运的是，许多年之后，我改变了对于色彩明快外套的看法。现在我能体会到它们对我的吸引，真的。秋天的时候，我在COS买了件黄褐色的无领外套，它让我想起来由埃尔文·布鲁门菲尔德（Erwin Blumenfeld）拍摄的1953年美国版*Vogue*封面；同一位模特的四个影像重复出现在纯黑的背景上。每个影像中的模特都穿着同样款式不同颜色的夹克，颜色分别为金色、空军蓝、玫粉色和绯红色。与现在公交车站的情形一样，这些巧妙的色彩从黑色中脱颖而出。

“时尚是由设计师一年四次为你准备好的。而风格则由你自己决定。”

——劳伦·赫顿（Lauren Hutton）

---

5. 日常穿着的牛仔裤

关于牛仔布最棒的一件事就是，它会随

着时间的流逝而变得更好。我们都知道对此的感受。就我个人而言，一条旧牛仔裤就像一条非常舒服的毯子——颜色褪去，质地柔软，如果裤子上没有什么污渍我穿它出门肯定不会出错。

MiH Jeans品牌创始人和创意总监克洛伊·朗斯代尔（Chloe Lonsdale）也这样认为："这就是单宁面料的魅力所在，它被设计成可以和你一同成长。牛仔裤历经生活的磨炼，并成为你生命中的一部分。"她的成长环境与单宁布密不可分，克洛伊解释道她与这种结实耐用的面料的紧密联系："我并不是牛仔布的狂热爱好者。它之于我更像一种生活方式，一种穿搭风格。穿牛仔裤的核心精神不是追寻唯美的感觉，更多的是一种更加赤裸的雅致格调。单宁增添了一份态度和活力，却又不显得做作。"十分正确。

荣幸的是，我做的工作总是能让我在平日穿着单宁服装，只有一次例外，那是80年代末期在邮购公司任职的时期，也是我时尚生涯的初期，我当时的造型被指责为"从洗衣筐拎出来的"一样。当我老板让我买一个公文包的时候，我知道我不会在这里工作太久。

牛仔裤从不是一种舒适的日常穿着。在20世纪50年代，那时存在另一种年龄上的隔阂，年轻人通过另类的穿着来反抗父母，他们模仿摇滚歌手和影视明星的造型，继而穿上工人阶层的服装来打破传统，挑战社会法则。坏小子反抗者如詹姆斯·迪恩（James Dean）、马龙·白兰度（Marlon Brando）、玛

八款完美的牛仔裤

1

J. Crew 细腿（及踝）牛仔裤

我目前的挚爱款式。冬季搭配切尔西鞋，夏季搭配勃肯鞋简直再完美不过。

2

J. Brand 8112

它有非常贴身的款式，也有直筒款，中腰线，由一位经常关注*That's Not My Age*的用户推荐的。

3

Gap的中腰直筒裤

我特别喜欢Gap的牛仔裤，并且买了好多条。这款牛仔裤非常简单明了，没有logo或者其他品牌元素在上面。

4

Uniqlo弹力修身牛仔裤

一种经济而得体的选择。唯一的问题是染色牢度不够，有时候我的手会被染上深蓝色的印记。所以如果你家有白色沙发，我最好别去添乱了。

5

APC 短款直筒裤

APC的这条牛仔裤是我最喜欢的，我拥有它已经20多年了。我特别喜欢这条裤子短款直筒的裤型和低腰的设计。它由日本单宁布制成（面料纤维混入了2%的氨纶），手感在最初的几年有点像硬纸板。

6

MiH Phoebe修身牛仔裤

对腿部有略微修饰的宽松男友风牛仔裤，品牌创始人克洛伊·朗斯代尔对这条裤子的评价是“易于穿着，廓形绝妙而且顺应潮流”。

7

老爹裤

这种风格褒贬不一，老爹裤的裤型有很多种，据说它们“宽松舒适，穿上永远不会觉得紧绷”。

8

Levi's 501s

一切经典的源头。如果你想找一款更贴合身体曲线的款式，Levi's Curve ID系列会是不错的选择。

丽莲·梦露（Marilyn Monroe）都曾在台上台下穿过牛仔裤。在1954年的*The River of No Return*和1961年的*The Misfits*片场中，马格南的首位女摄影师伊芙·阿诺德（Eve Arnold）捕捉到了梦露美丽的瞬间，她穿着白色T-shirt和牛仔裤，搭配牛仔靴和一件Lee风暴骑士牛仔夹克。也许这是第一位穿着两件牛仔服的女明星？有可能。

现在的单宁布不全是粗糙、粗犷的风格（除非你是日式赤耳单宁的狂热爱好者）。它们经过预缩水处理，打磨、破坏、做旧、破洞、褪色、染色，有些工序对环境的危害极大。不过我们有杜邦公司开发的莱卡面料。我小时候可以穿着面料坚硬、未洗涤的衣物，但现在我只考虑舒适性和是否易于穿着，而不是在每次坐下的时候表演海姆立克腹部冲击自救法。有一次我在看56岁的舞蹈家/戏剧艺术家温蒂·休斯顿（Wendy Houston）的演出，她诡异地在一个很高的硬纸板箱里乱晃。这和我穿着缺少莱卡纤维的单宁布是同一个感受。

6. 大女孩的丝绸衬衫

从劳伦·赫顿（Lauren Hutton）不刻意的优雅风格和60年代末期到70年代的浪漫装扮风潮，以及玛吉·吉伦哈尔（Maggie Gyllenhaal）在电视剧《荣耀之女》（*The Honourable Woman*）中的衣柜，我觉得我急需一件丝绸衬衫。我特别喜欢闪亮发光的金属质感面料，在我的聚会衣橱中有相当一部分卢勒克斯金属丝织物服装，不过我从来没考虑过真丝衬衫。直到我在一个复古市场上偶然发现了一件售价8英镑的Escada衬衫。这件奇异的80年代Escada品牌的衬衫绝对不是我的目标单品，但这件二手的丝绸衬衫富有成熟的年代感、令人向往，而且是金色的。

在过去的有些时期，丝绸是一种美妙的、奢华的纤维——比如卡里古拉大帝时期的罗马，他身边的人们都穿着这种面料做成的服装——它们的价格甚至比黄金还要昂贵。作为一种机织物，它拥有冬暖夏凉的特点，因此无论什么季节，都可以提供舒适的穿着体验。丝绸的热学特性会让这种面料有一点紧贴感。但这不是个坏事对吧——只要你穿着合适的内衣。高级而优雅，松开扣子的丝绸衬衫绝对是进入纽约传奇俱乐部Studio 54的最完美的衣服（不过我猜是在不穿内衣的状态下）。夜店风由90年代任职于Gucci的汤姆·福特（Tom Ford）重新引入时尚轮回，他设计的彩色真丝衬衫和天鹅绒下装让整个时尚圈为之瞩目。就我个人而言，我喜欢用一条更为低调的破洞牛仔裤来搭配闪亮夺目的衬衫。这也是为什么这种成熟女孩的衬衫总是让我想起基斯·理查德（Keith Richards），大约是在1967年，他穿着当时女友安妮塔·帕伦伯格（Anita Pallenberg）的衣服。如同这位上年纪的摇滚巨星在自传*Life*中回忆的那样，“安妮塔对当时风格趋势有着巨大的影响力。她可以把任何服装搭配得几近完美。我开始频繁地穿着她的衣服。我醒来以后随便找一件衣服就穿上了。但是这让查理·沃茨（Charlie Watts）很不爽，他有一柜子的萨维

尔街定制西装，而我则通过穿我女朋友的衣服，开始了我的时尚偶像之路。”

风格成熟的金色衬衫是我丝绸之路的开始。我现在拥有很多不同的款式了，比如海军蓝、粉红色、天蓝色等，每当我需要参加活动或者准备蹦迪的时候，我会穿上这些优雅得体的丝绸衬衫。

三款最棒的丝绸衬衫

1. Equipment 修身衬衫——时尚圈备受追捧的品牌，1976年由克里斯蒂安·雷斯顿（Christian Restoin，卡琳·洛菲德 Carine Roitfeld的丈夫）创办，众多影视明星包括劳伦·白考尔（Lauren Bacall）都穿过。

2. Tucker 女式上衣——一款简洁的衬衫，可以巧妙地搭配牛仔裤，让人感觉灵动而富有微妙的色彩。精湛的缝纫工艺如同在屋顶享用一杯冰凉的红酒一样令人耳目一新。

3. Winser London Lauren——丝绸领带衬衫——这款拉伸丝绸衬衫配有一条可拆卸领带，因此它也可以自行搭配蝴蝶领结。这款衬衫以劳伦·赫顿（Lauren Hutton）的名字命名，寓意显而易见。

7. 不得了的夹克

赫尔穆特·牛顿（Helmut Newton）1975年为法国版*Vogue*拍摄的摄影作品“*Le Smoking*”无疑是时尚摄影史上最棒的作品之一。这张照片在当时引起了巨大的轰动，如同柯林·麦克道尔（*Colin McDowell*）在*Fashion Today*一书中指出的那样，“听话的女人不会穿着Yves Saint Laurent暧昧不明的吸烟装……然而不论是吸烟装还是这张照片，都是一种对新时代的女性优雅的赞誉——一种非常先锋前卫的赞誉。”现在这种优雅的女性特质已经非常普遍，经常能在法国版*Vogue*主编伊曼纽尔·奥特（Emmanuelle Alt）的街拍照片中找到踪迹。

漫不经心地披上一件漂亮时尚的夹克，随性地搭配一条牛仔裤、T-shirt和一双细跟高跟鞋——无论夹克的颜色是黑色、白色、皮革或是花呢材质——这种男性化的廓形是令人惊艳法式风情的重要元素。奥特的这种造型风格为现代着装典范提供了完美实例。

此外还有一件事。我始终不理解“爆款包包、必备单品”这种现象——或者《欲望都市》中对设计师精品鞋履的执着。我曾经在纽约时装学院的美术馆看过一次名叫“crazy shoes”的展览，这个展览就像是走进了*Ripley's Believe It or Not*的世界中一样。

在我看来，一件舒适得体的夹克是一笔有价值的投资，它比那些支付高昂的溢价获得皮具更有意义，后者在衣橱里呆的时间显然比实际使用时要多得多。如今强大而富有张力的服装造型更为微妙和圆滑，而且不需要像土豪一样显摆自己的财力。穿上你的夹克吧。

8. 必备灰上衣

我知道针织运动衫不是每个人的菜，但有时简单的单品也可以发挥很大的作用。作为衣橱必备单品，灰色T-shirt和灰色运动衫可以搭配很多不同种类的衣服。如果你喜欢奢华一点的感觉，你可以试试炭灰色的喀什米尔羊毛衫。这三种方便搭配的单品也是简·柏金（Jane Birkin）衣橱中的款式——不过不是那个年轻、随意、不穿内衣的简，而是现在的她。在外面套上一件礼服或者高级皮革夹克，一件简单的T-shirt便成了适用于任何场景的万能单品，而且把整身造型连接成一个有机整体。同样的，雅致的运动衫或者羊毛针织衫可以替代夹克——前者可以卷起来或者放入包中——再搭配一条彩色铅笔裙，一种经典的优雅休闲风格造型油然而生。灰色的深度需要适当注意一下；同理选择正确的色调。法式蓝灰色调和木炭色比鸽子灰更容易让人接受。浅灰色会让上了年纪的人看起来缺少活力，而且与灰色头发并不搭配。

不过如果搭配得不好，这些灰色单品可能会显得过于随意，从而失去优雅的格调。但如同Céline的设计师菲比·费罗（Phoebe Philo）展示给大家的一样，高级、现代且具有运动元素的时装在年长女性的衣橱中获得了一席之地——Céline的这位设计师经常穿着造型漂亮优美的上下装混搭的风格，并搭配运动鞋。这种风格的关键点是用一件非常潮流惊艳的单品点燃整身造型。我掌握了一些穿着必备灰色单品的穿搭方法。

穿夹克的10个高光时刻

1

1975年，帕蒂·史密斯（Patti Smith）的*Horses*封面造型，照片中她身着白色衬衫，披着一件男友风夹克。

2

2011年劳伦·赫顿（Lauren Hutton）在Tom Ford发布会上的T台造型：白色西服套装，丝绸衬衫和礼帽。

3

好莱坞黄金年代的玛琳·黛德丽（Marlene Dietrich），她身着男士专属的西服套装，巧妙地搭配一顶贝雷帽，看起来非常有女人味。

4

出演*Dynasty*时期的琼·柯林斯（Joan Clooins），她穿着一件亮红色大廓型的夹克，搭配了皮革手套。她的耳饰和发型也很夺目。

5

"它改变了你的姿态，真的能让你与众不同，"凯瑟琳·德纳芙（Catherine Deneuve）说过，身着Yves Saint Laurent Le Smoking吸烟装的她永远那么美丽。

6

2010年加奈儿·梦奈（Janelle Monae）出道专辑中的中性化造型，当然还有那标志性的背头。

7

Chanel的Tweed外套，饰有多口袋和穗带以及金色纽扣，它的设计师于第二次世界大战之后的1954年复出，并在2012年专门展示了这件外套。

8

1983年的黛比·哈利（Debbie Harry），身着修身黑裙子、长靴以及大廓形男士外套的她非常性感迷人。

9

2013年蒂尔达·斯文顿（Tilda Swinton）身着Haider Achermann出席V&A博物馆"David Bowie Is"私享会，她就像一位异星来客。

10

1973年，比安卡·贾格尔（Bianca Jagger）身着YSL白色礼服和礼帽的造型酷极了。

为了避免打扮成与自己年龄不符的造型，以下是我的穿着建议：

- 控制好造型比例，用宽松的上装搭配修身的下装。可以选择细腿裤或者直腿牛仔裤。
- 如果你是T-shirt加牛仔裤的造型，一件漂亮的夹克会是点睛之笔。
- 高跟鞋或者亮面平底鞋是完美的收尾，它们不会让你看上去像是过度打扮。
- 最后用一对夺目耳环，一条精致的丝巾或者工艺精湛的项链作点缀。

9. 百搭束腰裙

位于英格兰巴斯的时尚博物馆有一个名叫年度裙装的奖项。1963年，首个奖项颁给了玛丽·匡特（Mary Quant）设计的一条灰色无袖羊毛连身裙，此后每年都会由一位时尚专业人士选择一件现代裙装，并在博物馆展览。我还在等今年的结果，但考虑到现代生活中对灵活和便捷的需求，我会选择束腰裙。保罗·波烈（Paul Poiret）首度于20世纪初期引入公众视线，在随后的数十年中，这一款式被克里斯托巴尔·巴伦西亚加（Cristobal Balenciaga）发扬光大。这位以创新的廓形和结构闻名的西班牙设计师，在1955年的巴黎展示了一件修身及膝的无腰带连身裙，搭配了一件女士紧身衣。时尚媒体评价这一造型为“整个系列的精华”，卡梅尔·斯诺（Carmel Snow）在*Harper's Bazaar*杂志中阐述了这套服装的伟大之处：“未来并非是肆意的

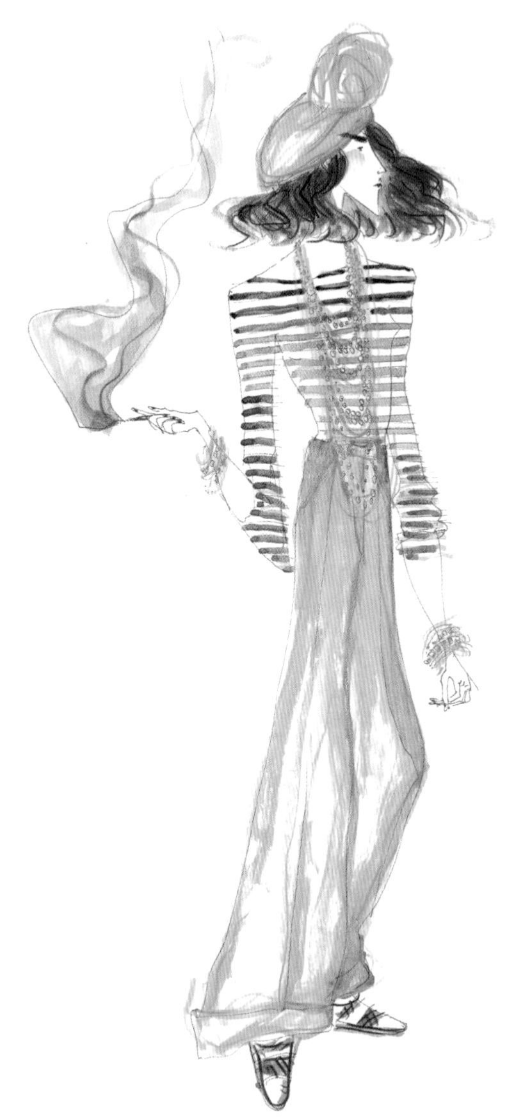

猜想。他对女性的品味变化有着清晰明确的洞察和见解；事实也证明他是正确的。这个春天他推出了一条非常重要的产品线——修长而灵活的连身裙。”

当然，年度裙装需要为一年四季提供造型案例。上个夏天我碰巧遇到了英国时尚圈里面的元老级人物温迪·达格沃西（Wendy Dagworthy），她穿着一件来自COS（在我看来这是高街上买连衣裙的最佳场所）的简洁白色连身裙，领子为具有金属质感的银色，搭配了几枚标志性的银手镯和一双白色皮革凉鞋。灰色的长发，头顶梳了精致的辫子造型，她的造型无与伦比。清爽、优雅、充满夏天的感觉。当我为这本书采访温迪的时候，她穿着一条款式相似的海军蓝连衣裙并佩戴了一条Holly Fulton Perspex项链。虽然在夏季我不想做太过剧烈的运动，但我上班途中需要骑自行车，如果是冬天我会选择连身裙造型的服装以便于灵活运动。我所有的连身裙长度适中，刚刚及膝，而且可以搭配不透明紧身裤穿着以防止惊吓到机动车司机。零售大师玛丽·波塔斯（Mary Portas）认为：“如果我的衣柜里只能有一种裙装廓形，那么一定是束腰连身裙。它可以搭配T-shirt、长筒袜或紧身裤。每个女人都需要这种能在5分钟以内完成的、安全保险而非常优雅的出门装。我称之为最不用动脑子的搭配。”

10. 时尚而不陈腐的条纹衫

我喜爱精美漂亮的条纹。可能是由于我在海边长大的缘故，但是说实话，我在布莱克浦的童年记忆中记起来的也只有那些沙滩折叠凳和棒棒糖上的条纹了。

条纹衫起初作为水手的工作服，发源于1858年的布列塔尼。宽阔的船形领可以让穿着者快速地把衣服套在身上，同时明显的条纹状图案可以帮助落水船员在第一时间被发现。早期的水手服有21条条纹；它们代表了拿破仑的每一次胜利——直到滑铁卢战役。到了20世纪的20年代，香奈儿在法属里维埃拉漫步时也穿过一件。1923年，她在戛纳开设了精品店，然后沉醉于里维埃拉的优雅氛围之中，一年以后她设计出一系列运动风的服装，包括为俄罗斯芭蕾舞团的演出*Le Train Bleu*（从巴黎开往里维埃拉的通宵火车的名字）设计的泳装和条纹上装。如同贾斯汀·皮卡迪（Justine Picardie）的传记，*Chanel: The Legend and the Life*中记录的那样，舞台的幕布由毕加索绘制，他是香奈儿的朋友，同时也很喜欢条纹衫。从里维埃拉的蓝色海岸到法尔德海岸的距离很遥远，但香奈儿的“穷小子”风尚却拨动了我内心中工人阶层的心弦。

这种平行线条装饰可以让整体造型更加活跃；它们可以为原本简单的裤子和牛仔裤增添一丝素雅而有趣的情调。而且自不必说水平条纹的特点——如果条纹上装穿着恰当，会让身材更为迷人。但也没必要扮演成天真无邪的法国少女；我发现了一种更现代的混搭方法——搭配一条印花半裙或迷彩裤——这是搭配条纹衫的最佳方式。让·保罗·高提耶（Jean Paul Gaultier）在职业生涯中对条纹元素钟爱有加，“我组合图案和面料的形式令人困惑，”他在1984年告诉*Vogue*杂志，“我想激发新的灵感，我想尝试不同结构和元素多样化的结合形式。相较于常规方法，我想这才是现代人穿衣服方式。”他的理论放到今天仍行之有效。我去年看“让·保罗·高提耶的时尚世界”（*The Fashion world of Jean Paul Gaultier*）展览的时候，我想起珍娜·莱恩兹（Jenna Lyons）在J. Crew的那些创作——以及经久不衰的经典条纹T-shirt，“我妈妈让我穿上水手条纹毛衣，”高缇耶说，“它们可以搭配任何服装，绝对不会过时，很可能永远不会。”

三个买条纹衫的最佳场所：

Petit Bateau——一个非常流行的法国品牌，以童装起家，不过他们大号的青少年尺码在成年人间流行起来，后来他们开始为大人设计服装。他们制作的条纹衫非常多样化，有很多种配色可以选择。

Gap——我最喜欢的条纹衫之一就是灰色和海军蓝配色的，搭配亮橙色领子，打折的时候只卖2.99英镑。我真的好想多买几条。

Saint James——巴勃罗·毕加索（Pablo Picasso）穿过这个品牌，这家创立于1850年法国诺曼底的正宗法式水手条纹衫制造商，仍在稳步发展并开通了线上购买渠道。

11. 成熟的连身裤

来了解一下适合大人的连身裤。是的，我原来认为黑裤子是特别便捷百搭的服装，直到连身裤的出现。我很小的时候穿过，去年又重新穿了起来，全黑的连身裤让穿着打扮变的轻松无比。我选择的是Margaret Howell MHL产品线中的法式工装裤，也就是通常所指的工业风连体裤，价格略高。面料有些厚重，不太适合夏季穿着，如果非要穿着很可能会让你汗流浃背。现在我想向女同胞们特别推荐这一服装款式。“穿着连体裤去厕所很麻烦”之类的话纯属一派胡言。我经常穿着连体裤去上厕所。只需注意别把袖子掉进马桶里，坐着时绕过大腿简单地打个结就可以了，很方便的。

“去成为你本该成为的人，任何时候都不算晚。”

—— **乔治·艾略特**（George Elliot）

赛尔马·斯皮尔斯
(Thelma Speirs)

帽子制作者、DJ、时尚缪斯，赛尔马·斯皮尔斯（Thelma Speirs）在伦敦东部工作和生活。

“我经常做一些看上去像是为上了年纪人准备的、带有复古情怀和格调的东西，不过等你真的到了那个年纪，它就失去了原有的意义和价值。”

关于成为帽子制作者

感觉棒极了。我很希望能在时尚行业工作，而且是给自己工作——好吧，其实是和Paul一起（Paul Bernstock，她的商业合作伙伴，Bernstock Speirs的创始人之一）。当我们刚开始创业的时候并没有商业计划，我们就这样开始了。我们不是为了钱而做帽子。我们是为了自由。我现在依然很活跃，我很高兴做帽子能成为我生活中的一部分。帽子是令人愉悦的物件——它们并不复杂，然而却很有意思，并能代表你自己。

关于年龄

在我小时候，如果我看到大人们去酒吧，我会对他们非常感兴趣，而且觉得这才是成熟有魅力的大人。（他们可能没那么老，估计40岁左右。）我就是很喜欢年长的女性和她们穿着打扮的样子。我看过《毕业生》（*Graduate*），想成为片中的安妮·班克罗夫特（Anne Bancroft）。所以年纪增长不给我造成困扰。说实话我感觉还挺好的，到了55岁的时候我也没觉得很老。我不知道你是否有这样的感觉……

关于做DJ

做DJ很好玩。Princess Julia（伦敦的DJ和音乐创作者）带我进入了这个圈子。我原来不知道该做什么，她对我说，“按下开始键就行了。”这真的是一件很美妙的事，有点像是为羞于表演的人而发明的表演形式。众人在节奏中舞蹈摇摆，和我挑选的歌曲产生互动。我经常在大学里表演，学校里的同性恋们很是喜欢。

关于风格

我挺像男孩儿的，但我也可以打扮得很女人。我喜欢20世纪60年代的风格元素，并依此装扮。我小时候特别崇拜丽莎·明尼里

（Liza Minnelli），她有时会打扮得比较亮眼夺目，而且大方得体。

关于灰白的头发

我20岁的最后几年就开始长白头发了，我还挺喜欢的。我曾经一度把头发染回深褐色，但我非常后悔。我感觉这不是我原本的样貌。别人可能会觉得我很老，不过我不介意，反正我就希望自己看上去更成熟一点。

关于放松

我喜欢挑战自我，达成目标。我最近开始跑步……我现在进行到Couch-to-5K跑步计划App中的第二周。我喜欢瑜伽和园艺，练习尤克里里，我还有一把电吉他——我很愿意加入一支乐队。

关于肉毒杆菌

我不会用它们的。一点皱纹不会让我困扰，但我认为你需要对肉毒杆菌多加留意。在美国，在好莱坞，对年轻样貌的追求是病态的。我很确定绝大多数女演员都多少用过一些——女人总有一段糟心的岁月。

你最看重什么

创造力。爱。友谊。

想对15岁的自己说什么

做你想做的事，好好享受……我当时就是这样做的！

辛迪·约瑟夫

（Cindy Joseph）

美妆品牌BOOM的创始人。这位前化妆师生活在旧金山，她经常倡导和谈论拥护老龄化的话题。

“人们都疯了，他们为漂亮的年长女性［比如乔治亚·欧·姬芙（Georgia O'Keefe）］的照片花费数千美金，然而当他们照镜子看到一条皱纹的时候，情绪会彻底失控。”

关于支持老龄化

我拥抱“变老运动”的宗旨就是要说出“已经够了”。我们被引导认为生活起初是一个向上的过程，在中年的时候达到顶峰——享受着人生最美好的部分——然后开始走下坡，面对糟糕的未来。我就像《皇帝的新衣》中的小男孩一样，告诉大家国王是一丝不挂的。我只是在诉说关于女人、关于美、关于年龄的真相。我们被灌输了太多的糟粕，现在我们渴望真实。人们过多地用外表来评判女性；当你年轻美丽的时候会被视为是有价值的——可现在有的时候，我们的价值会随着年龄增长而减少。这种观念是一种虚妄的错觉；毕竟家族中的女性族长深受尊敬。我们应该在生命中的各个阶段都感受到美的存在。我现在64岁，我知道我会越来越好，我会更精明，更睿智，在各项领域中积累更多的经验。

关于优雅气质

你在对的人眼里永远是优雅的。我们每个人的审美和偏好都不同。在我们的社会中，媒体塑造了对美的看法和观点，我认为这就是我们想要反抗的。比起看上去很年轻，我更希望健康和富有活力的外表。我想做我自己——我想成为年轻女性们积极向上的榜样。

与年轻对等的吸引力

如果女人为了看起来年轻而买单，那她会失望的。试图掩盖年纪只会让我们看上去更糟。我们需要矫正自己的思考过程。一直担惊受怕的女人没有吸引力而言，快乐的女人则令人为之倾倒。如果你的内在很好，吸引力便会油然而生。

关于老淑女革命

现在是开始的时候了。婴儿潮一代的女

性的所作所为是前所未有的。每隔十年我们的生活会发生巨大的改变，而且直到我们60岁、70岁也将持续下去——开始新的职业生涯，重返大学——我们正在做和上一代截然不同的事情。我们是新一代年长女性，品牌现在也已经意识到这一点。

想对15岁的自己说什么

要快乐的生活。做一个尽可能善良的人。爱护你自己。你是一个优秀的人。如果我们15岁的时候听到这些难道不是件很美妙的事吗？

苏珊·格林菲尔德爵士
（Baroness Susan Greenfield）

牛津大学药理学教授，电视节目主持人，著有*Mind Change*等多本著作。

“我不想重返青春；
成熟和经验给予你自信，
这是一种多么美好的解脱啊。”

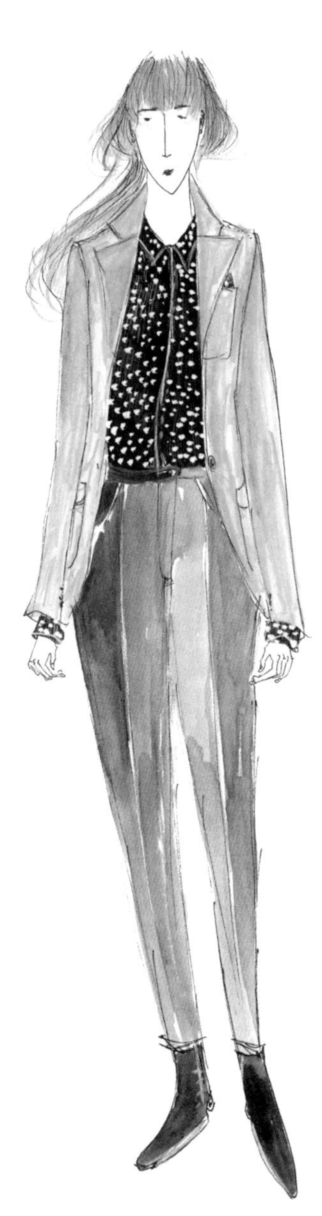

关于婴儿潮一代

婴儿潮一代正在重新定义老年人。我们的工作年限更长久——我64岁，可我一点感觉都没有——而且我们非常健康，我现在的生活状态和我40岁、50岁的时候一样。我这一代享受着优渥的国家福利、大量的财富创造、全职妈妈以及更高等的教育。身心健康受到重视；我们这一代就比快餐一代受到更多关注。婴儿潮还是有一点点特权的，而且会继续下去。

关于年龄

显然我不喜欢成为弱者这个概念。变老不过是一个成熟和进化的过程。有时人们会失去活力。这会发生在任何年龄段。就我自身而言，我在尝试治疗阿尔兹海默症，所以这一直在挑战着我，让我保持年轻。我的同事们都很年轻，没人抱怨髋关节更换手术之类的事。即便是我87岁的母亲，还在跳绳子舞，谈论着老年人。她的身形依然矫健，神志清晰，我也是这样。我对海滩特别痴迷。我喜欢让自己转起来：不停思考、写文字、努力工作。

关于社交网络

我不怎么用社交网络。如果人们把时间用在真实的生活中，那还没什么问题，但我们最终都会分享我们做的事而不是实际去体验。我很享受真正的生活，结交10个真正的朋友，而不是50个似乎会认真聆听你的人。

关于走向公众视野

我基本上不太在乎。除非你是女王或者大卫·爱登堡（David Attenborough），媒体都喜欢负面的消息，所以最好别去读它。虽然关于我的事有99%都是正面的，但我不会特别留意这些。在公众的眼里你是个女人，比起你的所作所为，人们更愿意评论你的衣着打扮。如果出现在一本时尚书籍中，我并不会很在意，但如果一份国家级报纸谈论了你的外在，那可就妙极了。

关于坚持锻炼

我非常注重身体健康。莫克姆和怀斯（Morecambe and Wise）曾说过这样的话，“在我死之前我只想做一件事，那就是活得久一点。”我每周都会做普拉提和打壁球。我不是很频繁地做运动，而且我知道这是个老生常谈的论点，但你运动过之后的确会感觉更好；坚持身体锻炼，让自己变得强壮真的很关键。

关于苏珊·格林菲尔德的风格

我受到一定程度的限制，但它们跟年纪无关。我仍然穿短裙，可能会让某些人颇感震惊，但我不会大面积的露出皮肤。这在任何年纪都是不合时宜的。健康的气色和精致的造型对我而言更重要；参差不齐的指甲和肮脏打卷的头发可不行——我很清楚自己何时需要做护理。

想对15岁的自己说什么

做你自己。坚持下去。对他人要诚实和开放——如果他们不喜欢，不要生气。你要直面你自己。

第五章

永恒的生活方式：关注身心健康同样重要

普拉提是新的泡吧方式

无论你多大，你都可以尝试普拉提——视频网站上大量的已经开始领取退休金的老人做普拉提的视频可以证明这一点。我48岁开始接触这项运动，有一个81岁的男人和我在同一个工作室，他的身体状态非常硬朗。虽然经常和“年轻辣妈”联系在一起，但我认为普拉提更适合中年人。我没有很想去格温尼斯·帕特洛（Gwyneth Paltrow）创立的品牌Goop-y；我家附近的普拉提工作室Artichoke Pilates已经很不错了。那里有很多有趣而且志同道合的人们，他们都有一定的年纪，非常喜欢社交，和他们在一起很有意思，这就是我喜欢那里的原因。

普拉提是现代的社交方式。它对于肌肉强化和协调、改善体态和柔韧性也有很好的帮助；我投身于这项运动主要是因为我的背部不太好，而且我的普拉提伙伴珍妮的肩膀有些问题，我们都不想变得很Croning（这是我们自创的一个名字，也就是非常驼背的体态且伴有骨质疏松）。每周一次，我也会上教练课程；主要就是躺下然后开怀大笑。64岁的波兰普拉提导师Bagusha有着惊人的体格和非常巧妙的说话方式。比方说，骨盆侧倾被称为“迈克·杰克逊（Michael Jackson）顶胯”，还有“沙滩上的乔治·克鲁尼（George Clooney）”（一种脊柱延展动作：肩膀向后，提起胸腔）。虽然有着幽默诙谐的一面，但普拉提也可以提供心理上的锻炼。约瑟夫·普拉提（Joseph Pilates）在他的一生中经历了重重挑战，其中就包括一战时被关押于马恩岛（他在那里发展和完善普拉提理念）。他的思想建立在特定的原则上：对身体产生更多掌控，会让你感到更为放松，从而控制生命中的其他方面。开始舒展你的身体吧。

放松你的大脑

我的头脑和网络上充斥了过多信息的时候，我下载了Head Space这款App。我的工作—生活—博客三者之间的平衡被打破了，我需要休息一下。我懂，为什么不离手机远一点？“正念最初是佛教思想的一部分，现在则被当成是一种平衡科技过量的权宜之计，”*I Want to Be Calm: How to De-stress*一书的作者哈丽特·格里菲（Harriet Griffey）说道。“但如果想要发挥正念真正的功效，需要把它融入到你的生活中，而不只是每天体验10分钟然后忘得一干二净。”因为这样的原因（也包括我每次收听这款App时都困得要睡着了）我开始参加本地瑜伽工作室的非预约课程。“这并非是一些艰涩难懂的胡言乱语，”哈丽特补充道，“正念训练也可以对你的身体产生积极影响。让头脑进入平静可以延缓应激激素的分泌，从而降低对身体造成的负担。”

有人说到更年期？

既然说到更年期，我就向*Your Hormone Doctor*一书的作者之一莉雅·哈迪（Leah Hardy）寻求一些专业建议：

“随着我们变老，我们的激素会发生改变，在更年期之前，即所谓的围绝经期以及绝经期的时候，激素会产生急剧变化。这是不可避免的，更年期或许可以被称之为典型的女性体验。不像怀孕和生子，更年期是我们所有人都要经历的——只要我们到了这个年纪。对于不同世代的人们则有所不同。相较于原来的80岁，人们现在的寿命可以达到90年，而更年期则在人生刚过半的时候到来。

没错，更年期带来的变化是巨大的，对于有些女性而言，它更像是一个艰巨的挑战。有人有潮热吗？不过同样也有很多种方法来减少潮热、肌肉和骨骼流失、焦虑以及其他让女性感到恐惧的症状。合理的营养是个好开始。补充多种维生素、水果和蛋白质，尽可能减少糖分和人工添加剂的摄入。如果你想拥有不错的气色，保持活力，并好好地享受老年生活，锻炼也是必不可少的。

散步和负重训练对骨骼、心理健康、肌肉和保持快乐都有效果。同时增加普拉提或者瑜伽以提升灵活性，锻炼四肢以及保持心态的平和。减轻压力，保持社交，做到思想活跃开放、乐观，然后找到自己喜欢的事物——可以是一个房子、一份工作、一个大学课程或者一位伴侣。停止抱怨——关于年轻人/你的双脚/新科技/消化功能，当你年纪大了你会特别想要抱怨，但这会让你听上去与时代脱节，而且招人厌烦。记住，任何话语都是从我们自己嘴中说出来的，我们的负面评论会让我们自己感到低落，就像是别人在说我们一样。我们的健康仰仗于积极的情绪。当我们皱眉时会向大脑发送信号，从而让我们更加沮丧，但如果我们给自己一个微笑，我们身体内的激素也会随之增长，就像别人对我们微笑一样。”

哈丽特·格里菲（Harriet Griffey）关于正念生活的6点建议：

1

每次只做一件事而不是同时处理很多件事：多任务同时处理可是正念的对立面！

2

每天练习正念呼吸法：在繁忙的一天中，为你赢得片刻的休息。

3

不要妄下结论，无论是对自己还是对他人：说出你的想法，然后到此为止。

4

理性回应而不是凭借本能：如果你需要点时间思考，做几次正念呼吸，然后理性回应。

5

留意那些生理反应——缺乏睡眠，饥饿，缺水——这会让你的身体产生更多压力，让你无法保持平静。

6

列举生活中三个让你感到高兴的事或物，感谢它们的陪伴，至少每天一次。

至于风格方面，随着激素水平的改变，特别是雌性激素的减少，会影响皮肤使之更加干燥，不再饱满甚至更加苍白，因为细胞需要雌激素来产生色素。一款优秀的保湿润肤霜和乳脂腮红是你现在必不可少的单品。头发可能会变得卷曲干枯，也可能会变得更细腻而你却没有注意到。好好打理打理。让你的头发更有层次，如果你喜欢长头发可以接发，如果你想换个颜色就去染色，或者干脆保持原本的灰色。眉毛和睫毛会变得更纤细。如果这对你造成了困扰，可以尝试睫毛和眉毛美容液并搭配睫毛膏使用。你的身形也会改变，就像青春期，只不过这次的改变与之截然相反。现在激素会将脂肪从你的臀部和大腿抽离，并转移到你身体的中间部位。这些变化可能是你时尚造型中的挑战，但也可能是机遇。你的纤细蜂腰也许不复存在，但你变瘦的臀部和双腿搭配修身牛仔裤也许会产生不可思议的效果。尝试不同的风格来适应你身形的变化。由于骨量的流失，你会发现自己变矮了，腰部开始堆积肥肉，更糟的还在后面，最终你会发现自己的身体变得衰弱且逐渐丧失行动的能力。一定要尽可能的抑制这样的势头。用负重训练让你的骨骼保持强健。

你也许会考虑采用激素替代治疗，有传统的HRT疗法和生物同质性激素可供选择，后者可以如同你体内原有的激素那样被识别吸收。医生会根据你的情况和你一起做出判断，不过英国更年期协会（British Menopause Society）指出，60岁之前采取HRT治疗所带来的收益是高于它的风险的。补充激素可以让肌肤和头发更加饱满，减少身形的变化以及增强骨骼。

好消息是，女性进入更年期，激素会维持在稳定的水平。很多女性都渴望从每月的例假中获得永久解脱。激素水平的失衡会引发经期紧张，而围绝经期的失落感和焦虑的情绪会悄然停止，这些问题通常会逐渐消失。实际上，大多数更年期的女性会感觉到自己极富创造力，非常快乐且自信，不再会苦恼于别人的看法，穿着风格会更加个性化，更加大胆。这会是个不可思议的生命阶段。

女人到了中年，我们会变成具有力量的新一代。我们在人口数量上占优。我们在政治和商业上更为关键。我们热爱生活，我们喜欢让自己变得更好——而不仅仅是“适合自己的年龄”。现在有四分之一的女性超过50岁。在5年内，这个比例会超过三分之一。我们仍然想更好地打扮自己。有41%的超过50岁的女性会购买化妆品、护肤品和洗漱用品，我们仍对生活充满热情。诸多研究表明，女性在过了更年期后，生活质量会有所提高。2002 *Jubilee Report*（一个关于女性幸福的大型调查报告）发现超过65%的50岁以上女性表示她们比以前更快乐。76%的人认为她们比之前更健康，75%的人觉得现在的生活更有乐趣。没有什么比这更优雅的事情了。

热门地区

那就是我的年纪：挚爱场所

艾瑞斯·阿普菲尔（Iris Apfel）是正确的。你需要走出来看看，与当下保持联系，保持激发你的兴趣。我大多数时间都待在伦敦和纽约这两座城市（在Manhattan Brother的帮助下找到了免费住宿）。这里有很多有意思的地方值得探访，有许多有趣的事情可以做，以下的分享都是我喜欢逛和玩的。我推荐的大部分地方都提供水和食物以及短暂的休息场所。这是我和老伙计们玩乐的地方。我们喜欢好好散个步然后享用精致的茶歇轻食。

伦敦

5个绝佳场所

1. 萨默赛特宫

当追逐时尚的人们前往米兰的时候，伦敦时装周的主秀场还是美好的。这个金碧辉煌的石质建筑（曾经的都铎王朝宅邸）坐落在美妙的泰晤士河旁边。那里经常有值得一看的展览或演出，到了盛夏之时，我强烈推荐在室外的庭院里来一碗来自Fernandez & Wells的蒜香冷菜汤和三明治，看着孩子们（以及大人们）在喷泉中嬉戏玩水。

2. 布里克斯顿市场

布里克斯顿市场现在非常高级。曾经的格兰维尔拱廊（Granvill Arcade）现在被称为布里克斯顿小镇。这里有很多吃东西的好地方。一般我们从Ritzy电影院出来后，会在French & Grace来一份哈罗米芝士卷并搭配小镇上最棒的阿芙佳朵咖啡。位于Fifth Avenue的Federation Coffee提供绝佳的热饮，毫不逊色于曼哈顿的咖啡馆；我无法抗拒一杯咖啡搭配一块美味的安扎克饼干带来的诱惑。那附近还有不少古色古香的小店值得一逛。

3. 中年人们的购物街

相较于约在伦敦中心见面，我更喜欢去利伯提百货（Liberty）、Fenwick伦敦店和邦德街（Bond Street）。如果没有嘈杂的人群，这三个地方可以为成熟人士们提供近乎完美的购物体验：精致讲究的服装选品（Fenwick里有一家非常漂亮的内衣店，我还在这家商场里修过眉毛），好喝的咖啡，还能选到出乎意料的精美礼物。

4. 哥伦比亚路上的鲜花市场

生活中总有这样一段时间，你更想在周六的晚上待在家里看电视剧，而不是去拥挤不堪的酒吧或餐厅。这样你周日早起的时候就会容易很多，然后去逛逛美好的花市或农贸市场。我们经常在霍顿站旁边的Beagle Cafe喝咖啡，然后去哥伦比亚街花卉市场买点鲜花，然后去卡尔夫特大街或红教堂街看一看，顺便在附近的Pizza East或Leila's吃午餐。

5. 秀丽的伦敦公园

关于伦敦很棒的一点是那里的绿化面积非常大。这里有不逊于任何其他大城市的公园，绝对令人印象深刻。摄政公园当然也在其列，在电影《国王的演讲》（*The King's Speech*）中，有一幕便是科林·费斯（Colin Firth）在摄政公园散步；还有里士满公园，这里是浓厚的皇家气息，非常适合野餐、骑行，有时还能偶遇小鹿。不过我最喜欢的公园就在家附近。伦敦南部的布洛克威尔公园有着狂野自然的一面，那里有一座带有花墙的小花园以及露天泳池。我们周日经常在赫恩山的农贸市场采买蔬菜之前过去散步。（是不是有中产的感觉？）街角的Bleu古着家具店有很多中世纪的小玩意，我们经常在那里购买二手地球仪。

三家我喜欢的参观以及两家位于伦敦中心的咖啡店

1. MORITO

位于埃克斯茅斯市场的这家小吃吧很受欢迎，且为素食者提供了多种选择。

2. JOSÉ

可以顺便逛一逛皮匠街市场，或前往柏蒙西街的白立方画廊（White Cube gallery）以及那里的小吃吧。

3. MILDRED'S

镇上最好的素食餐厅。尝尝当日汉堡和配有罗勒蛋黄酱的炸薯条——记得留点肚子给白巧克力芝士蛋糕。

4. 我喜欢的两家咖啡馆

伯威克街上的Flat White和蒂奇菲尔德街上的Kaffeine。

纽约

五个最佳场所

1. HIGH LINE 空中花园

当我和曼哈顿兄弟一起的时候，我有一条规则：去探索纽约的新地方。去我从没去过的地方。听起来不难对吧，但他已经在这里生活了15年，HIGH LINE的咖啡和在这里漫步让我感到无比满足。这一标志性的废旧铁轨非常值得深入探索。每个城市都应该有这样一个场所。如果你想喝点东西，我推荐Stone Street Coffee（位于第九大道，18街和19街之间）。那里有一个令人兴奋的名叫Bathtub Gin的地下酒吧；在Half King Pub（位于西23街）里你可以享用啤酒和汉堡，Brass Monkey（位于西12街55号）也不错。

2. 布鲁克林博物馆

这里的人比曼哈顿的美术馆大道少多了，这家漂亮的博物馆值得你为之专程前往。我在这里看过很多精湛的展览，其中包括：凯斯·哈林（Keith Haring）回顾展，“让·保罗·高提耶的时尚世界”（The Fashion World of Jean Paul Gaultier），安妮·莱波维兹（Annie Liebowitz）的摄影展和让·穆克（Ron Mueck）惊艳的雕塑展。从美术馆出来，我会去展望公园和公园坡散步，充满渴望地看着美丽的布鲁克林褐色房子。我很喜欢这些建筑，在某个平行宇宙中我就生活在这里。

3. 联合广场附近 & 穿过第五大道

在冬天，我会穿着Polar Vortex派克大衣，在联合广场的农贸市场买一杯热苹果酒然后散散步。位于附近百老汇的ABC Carpet & Home商店值得一逛。更不用说ABC Cocina餐厅。如果你想穿过第五大道，那里有各种各样的小商店，而且人流不大，包括：J. Crew，Gap，Kate Spade，Madewell，Nike，New Balance。回程则朝着标志性的熨斗大厦返回。

4. 纽约的跳蚤市场

忘了第五大道吧，我在别人不要的旧物里东翻西翻更有乐趣。现在切尔西跳蚤市场（Chelsea Antiques Garage）已经关闭了（当然是考虑可能会影响优质房地产），你可以去Hell's Kitchen做一些室外活动，或者去与众不同的布鲁克林跳蚤市场看看，公园坡那里也有摊位。

5. 中央公园杰奎琳·肯尼迪·奥纳西斯（Jacqueline Kennedy Onassis）水库

远离游客和由疲劳年迈的马儿们拉的马车（也就是比尔·德·白思豪市长Bill de Blasio尝试取缔的），在哥伦比亚圆环对面的Citibike租一辆自行车。或者围绕杰奎琳·肯尼迪·奥纳西斯水库散步。这是个四季皆宜的好地方。去年我们在这里发现了一只黑松鼠，还目击到从湖中拖出来一具尸体。这些事都发生在这里。

五个吃饭的好地方

1. OVEST PIZZATECA，切尔西

好吃的披萨，合理的价格，低调而优雅的风格。我有一次在这里见到了约翰·特托罗（John Turturro）。

2. CLAUDETTE，华盛顿广场

精致的法国料理，早午餐的绝佳场所。

3. BAR PRIMI，包厘区

来自主厨安德鲁·卡梅里尼（Andrew Carmellini，同时也是The Dutch和Locanda Verdo的拥有者）的新拍意大利菜。非常美味！

4. WESTVILLE，切尔西

博客Advanced Style的阿里向我推荐了这里的午餐/早午餐。曼哈顿周边还散布着一些其他餐馆。

5. TAMARIND，翠贝卡

格调独特的且是最棒的印度菜。别跟我说Curry in a Hurry他们家也是印度菜。

以及窗外风景优美的酒吧

GAONNURI，百老汇

这是一家位于中城的韩国餐厅，坐落于第39层，可以眺望到曼哈顿的天际线。在这里你仿佛置身于电影中。

未来的FAB一代

劳伦·拉沃妮

（Lauren Laverne）

劳伦的职业生涯始于90年代的一个独立乐队，随后她加入了新闻和广播行业。她现在是BBC 6一位备受欢迎的音乐DJ、电视主持人和作家。

“现在人们对中年人仍有偏见，与别人一样，我对此也感到愤慨，但我相信事情在往好的一面发展。”

关于走向公众

我每天在BBC的6号音乐台工作，所以狗仔队可能会偶尔抓拍到我，不过不是很频繁，所以我也并未在意！电视主持人菲妮·科顿（Fearne Cotton）在附近的工作室工作，她就要时刻留意自己的穿着打扮了。我大多时候都想穿什么就穿什么。

关于年龄

我现在36岁，对自己的风格和目前的年纪很满足（我并非时刻都在思考它们）。我对变老抱有积极的心态。有这么多杰出而鼓舞人心的楷模引领着我。

关于老淑女革命

无趣的答案（很抱歉，我是一位社会学家的女儿！）我认为需要依靠人口散布。婴儿潮一代正在变老，而且在消费市场中仍占主导地位，所以变老会被重新认定为一种积极的现象。这种改变非常微妙，但我很庆幸还有些改变，我相信人们的态度也会有些改观。一旦有商家意识到在现存市场中有任何潜在商机，那他们一定想继续售卖他们的产品！

撰写关于风格和趋势的文章［劳伦经常为女性杂志供稿，并且在《观察家报》（*Observer Newspaper*）负责生活方式专栏）］

我很喜欢写风格、服装和它们与人之间的关系——它们对我们产生巨大的影响，同时也是表现自己的最好方式。时尚不仅是一只包那样简单。我喜欢时尚是因为其中蕴含着乐趣和美学，不过时尚也有着剥削别人的一面，或者以某些方式让人们对他们自己感到不舒服……这是我觉得时尚不好的一面。

关于劳伦·拉沃妮风格

我认为我对自己外表的看法随着年纪的增长而有了改善。我更加能接受自己，就像老生常谈的那样。我不认为我的风格有很多改变。我仍然像过去那样喜欢穿搭。可能在现在的年纪，穿搭会更有乐趣，因为我不用再顾虑别人是否认可我的风格。我不再担心穿着是否“正确”。在我看来，穿着更像是表达一种态度，告诉别人你是谁，而不是呈现自己的年纪。但话虽如此，我更喜欢遮盖自己的身体，而不是像原来20多岁的时候，也许我现在更在乎穿着是否舒适。我现在比较喜欢穿布洛克鞋而非高跟鞋。我更喜欢彻底的改变而不是逐步替换（比如我完全接受不了短跟高跟鞋——它们总让我想起超长待机的女王本人！）

想对15岁的自己说什么

请对自己好一点。坚持下去，一切都会好起来的。

后 记

你说谁没有存在感？

从缪西亚·普拉达（Miuccia Prada）到玛丽·贝莉（Mary Berry），各个年龄段的女性都在寻找聪明而优秀的楷模，寻找那些值得钦佩敬仰的杰出女性。虽然FAB一代在工作中、走在马路上或者在互联网中有一些声量，但问题是，我们在英国议会和BBC（*Bake Off*节目是个例外）中仍没什么存在感。我坚信我们应该为之奋起反击——对我们的忽视是非常不文明且荒谬的，中年女性理应受到尊重。

是的，男人们用另一种眼光看我们——这是自然演化和生物学导致的结果——但这不意味着我们不能为自己发声，也不必放弃我们原有的魅力。不过老实说，如果被另眼相看意味着每次骑自行车的时候，不会有男人朝我大喊“我希望我是你的马鞍”，那我还是很乐意的。我不喜欢这样是因为，头发灰白的男性会被认为是充满知识、经验丰富和智慧的，而同样的女性则被认为是一种过去式。此外还有一点，人们不希望站在聚光灯下，同样很有才华的女性不希望显露出任何可能暴露年龄的元素。这才只是冰山的一角。女人们在取得权力和责任的时候已经付出了足够的艰辛和努力，为什么要在我们变老的时候把一切都夺去？

老淑女革命已经开始了。让我们警醒风华正茂的女性们。这不是没有存在感的年纪，这是我们最有声量的年纪。

全世界不再年轻的女人们团结起来，让我们来接手这个世界！

最后的后记

6位美容专家的6款最佳产品

为了不让这一节缩水变得像“傻瓜美容指南”一样，我采访了6位专业的美妆和健康方面的专家，她们选出了她们最喜欢的产品。记住，少即是多！

鲁比·哈默（Ruby Hammer）

美妆行业从业超过25年，她是英国最好的化妆师之一。她曾被英国女王授予MBE荣誉奖项，这也是她职业生涯的高光时刻。以下是她最喜欢的产品：

CLARINS黄金双萃（肌肤控龄精华）

我很喜欢这款精华的味道以及涂在肌肤上的触感。它可以搭配任何其他产品使用——它兼顾了补水和肌肤调理等多种功效——自从这款产品上市我就一直使用它，非常神奇。

BOURJOIS 123 CC霜

这是我最喜欢的CC霜（颜色校正，colour correcting）。它很好用，你可以像涂保湿霜一样用在鼻子四周。涂抹之后不会显得太薄或太厚，它提供了恰到好处的遮盖效果，隐藏暗斑，且拥有15度的SPF防晒效果。价格也很合理。

MAC控油粉饼

这款粉饼有不同的颜色可供选择，可以完美地去掉多余的亮光，而不会在皮肤上留下粉状斑迹。特别适合面部T形区域，自拍前可以适当补一点！

DIOR 5色眼影盘

这是我必备的眼影盘，从我开始工作的时候，我就一直用这一款，它可以创造出很多种造型而不用担心陷入千篇一律的模式。我特别喜欢Beige Masai 705这个颜色。迪奥重新推出了整个系列，新的流线型包装、配方和质感都深得我心。BAR 506是我另一款心头好；这款眼影盘适合日常需求，还可以实现非常精致漂亮的烟熏眼妆。

BENEFITS, THEY'RE REAL系列睫毛膏

我喜欢这款产品的原因是，使用这款睫毛膏会呈现一种假睫毛的效果。毛刷采用特别的设计——每根睫毛都会被照顾到，即便是很短的睫毛也会被刷到。

CLINIQUE CHUBBY STICK 滋润唇膏笔

我很喜欢这款胖胖的旋转式唇笔，现在有很多不同的款式可以选择：从昂贵的品牌如Sisley到平价品牌Barry M。它们不需要打磨就可以直接使用。我会选Clinque的这款CHUBBY STICK，他们是第一个采用这种设计的品牌，而且可选的颜色非常多。

萨拉·雷伯恩（Sara Raeburn）

有着超过30年化妆师的经验；她和很多明星和超模合作过：伊莎贝拉·罗西里尼（Isabella Rosselini），凯特·穆斯（Kate Moss），格温尼斯·帕特洛（Gwyneth Paltrow），海伦娜·伯翰·卡特（Helena Bonham Carter），她还是网站Expert Beauty Face的联合创始人。

AURELIA PROBIOTIC SKINCARE特效清洁

我和鲁比喜欢把自己称为清洁狂，我们都十分沉迷于护肤和清洁。我会搭配使用洁

面布（如果我那天没用科莱丽洁面仪的话），效果非常好，而且味道也不错。

STUDIO10御龄护肤修容盘

这款粉底盘可以修正和遮盖暗斑、色素沉淀黑眼圈和红斑。我用它来调理黄褐斑，然后在T区刷一点Bare Minerals的透明散粉。最后抹一点Nars Radiant遮瑕膏。

SMASHBOX 面额三件套 & 眉笔

眉毛可以修饰和提亮眼睛，在面部比例中至关重要。我既有粉饼也有眉笔。我会把眉笔装在手包中随身携带，有需要的时候可以快速上妆，而粉饼可以在家配合有放大功能的梳妆镜使用。

LANCÔME HYPNÔSE睫毛膏

我喜欢用这款睫毛膏来制造修长而独立的睫毛。它既可以很好地丰盈整体效果又不会显得笨重。

CLINIQUE CHUBBY STICK CHEEK COLOUR BALM 腮红

面颊上的少量色彩可以提亮整体肤色，使眼睛更闪烁动人。这款腮红可以改善熟龄肌肤，它们混合均匀，便于使用，在裸肤上使用会呈现很好的透光效果。

CHANEL COROMANDEL 香水

我认为香水是我个性的一部分，是我风格的一部分。这是我的标志性香调，当我使用这款香水的时候我的个人风格才会完整。

简·坎宁安（Jane Cunningham）

美妆作家兼British Beauty Blogger、The Beauty Plus网站的创始人。

LANOLIPS LEMONAID润唇棒

这款非常优秀的润唇棒含有磨砂膏（含有羊脂成分），可以让你的双唇润滑饱满。我会在夜间使用，以便第二天早上直接涂抹口红。

DECIEM HAND CHEMISTRY护手霜

我用过很多款护手霜，这款是最有效的。质感轻盈，吸收快速，使用了几周之后会产生出乎意料的保湿和柔顺效果，还能使肌肤更加透亮。这款产品含有一点蘑菇精华（银耳提取物），这种成分的保湿效果被证明比透明质酸要强400倍。感谢这种神奇的成分。

AROMATHERAPY ASSOCIATES 深度舒缓沐浴油

这是一款非常优雅的混合舒缓香薰疗法精油（岩兰草、黄春菊和檀香木成分），如果你在睡前感到压力或精神紧张，它可以很好地发挥功效。没什么比一晚安眠更能让你充满活力，精力充沛。

CHARLOTTE TILBURY ROCK'N'KOHL 眼线笔

从跃动紫罗兰、忧郁灰到深邃黑，放眼整个行业，它们是最好最柔软的眼线笔。它们适用于内眼线和外眼线，任何年纪的人都可以尝试性感而摇滚风的眼线。

IMEDEEN PRIME RENEWAL护肤丸

在我尝试这款产品之前，我并不相信这些口服护肤产品——到现在为止，我已经持续服用近一年了。它的效果是循序渐进的，它现在已经成为我护肤过程中一部分（它可以使全身肌肤保持水润柔软，当然艺人包括面部肌肤)。

CLARINS 花样年华晚安霜

专为熟龄和处于更年期的肌肤设计，这款奢华晚霜可以将水分重新注入肌肤。激发活性较差的细胞，促进胶原蛋白的生产，唤醒肌肤活力并重归柔软，还能舒缓面部细纹。

维奇·本特利(Vicci Bentley)

获奖美妆作家和化妆品行业的专家，从业超过40年。护肤和香水是她的主要研究领域。

CHANEL LES BEIGES HEALTHY GLOW彩妆

香奈儿这款散发独特光泽的彩盘可以为肌肤增添健康活力的色泽，同时它半透光的特性可以与肌肤颜色完美地无缝融合。我把它当成隐形高光用在颧骨上，玫粉色可以让苹果肌附近的色泽更健康红润，而金褐色可以点缀在额头贴近发际线的位置和下颚上，形成巧妙的“光晕”。

CLARISONIC清洁刷

基于牙刷科技，声波刷可以让肌肤更加灵动净洁且异常柔软。它的轻柔震动清洁功能彻底代替了其他任何形式的去角质产品，它们的清洁效果也无人能及。温和的清洁刷可以激发微循环，让肌肤更加充盈饱满。

DR BRANDT PORES NO MORE 妆前乳

你觉得容光焕发的毛孔是小孩子的专利?当雌激素减少，胶原蛋白的产能骤减的时候，毛孔也会随之松弛下来。这款淡色妆前乳使得妆容更加新鲜持久，同时让肌肤更加光滑。

E45 滋养恢复身体乳

更年期后身体肌肤会长时间处于干燥状态，特别是像小腿这样的部位。我会大量使用这款身体乳以缓解和防止干燥龟裂，特别是在中央暖气大开的冬季。它们也很便宜，跟薯片的价格差不多。

COLOR WOW 发根遮瑕粉

它可以遮盖灰色的发根，着色效果特别棒。使你的头发重焕新生！在我需要染发之前可以坚持8个星期。这款产品的颜色非常自然，可选颜色种类丰富，具有防水功能，还不会弄脏枕头。

X5 放大化妆镜

有点令人难过，我懂。但是对于视力不好的人非常必要，如果你不想让你的妆容看起来像是把化妆品从房间的另一边直接扔在脸上那样。用有放大功能的那一面来做比较细致的工作，比如画睫毛、眼线，处理眉毛，然后通过普通镜面来检查整体效果。

马克·吉尔克里斯特（Mak GiLCHRIST）

这位49岁的模特也是位“利用有限空间使之成为小花园概念的倡导者”。她出现在许多Chanel的香水广告中，同时还是Edible Bus Stop项目的发起人，这是一个社会初创项目，旨在将未使用的土地变为社区绿地。

远离太阳

远！离！太！阳！不要在面部防晒上偷懒。我目前最喜欢的防晒产品是Korres 面部防晒霜。它不会堵塞你的毛孔，抹在脸上也不油腻。

JASON POWERSMILE WHITENING 纯天然牙膏

不含刺激性化学成分、防腐剂、人工色素、甜味剂或麸质，跟“普通”的牙膏有点不一样。我不明白为什么会有人使用含有那些垃圾的牙膏，而这款牙膏的美白效果又非常好。

JURLIQUE 玫瑰护手霜

一款非常好用的产品，只是并不便宜，不过效果非常非常好。我在晚上睡觉前使用它。我经常做园艺，所以我需要仔细呵护我的双手。

DR. HAUSCHKA QUINCE 日间面霜

为轻微干燥的肌肤准备的轻薄而有效的

面霜。上妆前使用，纯绿色成分，气味芬芳，没有化学添加剂。用它就对了。

LIZ EARLE 肌肤修复保湿霜

我卧室的架子上有很多保湿霜，我喜欢轮换着使用它们。这款是我曾经最喜欢的产品，它的味道迷人，让你的肌肤保持水润，而且很好吸收。

KORRES WILD ROSE 24小时水润光泽面霜

不像其他为干性肌肤准备的面霜，这款产品不会让皮肤看起来油光满面，Korres这个品牌有着坚定的准则，他们的产品也很棒。这款产品的气味也是我喜欢的类型，现在你可能猜到，气味是评判产品的一个关键因素了。

泰什·杰特（Tish Jett）

她是美国的时尚记者和博主，也是*Forever Chic*一书的作者。她在巴黎生活了超过25年，那里也是诉说法国风情的最佳场所。

RETACNYL

0.05%维A酸处方产品。在我咨询过的皮肤病专家和整形专家之后，发现这是现存产品中非常有效的一款。我个人有超过20年的使用时间，我可以保证它真的有奇效。

CLARINS BAUM BEAUTÉ ECLAIR 美容霜

这款精致的面霜有着“紧致、提亮”的功效。在用过保湿霜之后、上妆之前使用，它可以让你的容颜如同红毯明星般闪耀。它还可以当作面膜使用。涂抹保持15分钟之后洗净，然后你的肌肤就会闪闪发光。

VICHY 三合一洁肤水

巴黎最受尊敬的面部治疗&美容专家向我推荐了这款产品，她恰好也拥有一条属于自己的昂贵的产品线，她认为这是目前最棒的洁面产品，我认同她的观点。它对卸掉眼部的妆容也很有效果。

GUERLAIN TERRACOTTA 修容腮红粉饼

这是每个法国女人保持红润气色的秘密。它为肤色增添了一丝古铜色，并拥有你所有能想象到的、适用于各种肤色的色彩可供选择。当你选购这款商品时，我建议你咨询美妆专家以获取最适合你肤色的颜色。

EUCERIN 补水抗衰老眼霜

这是一款双效补水产品。它蕴含的透明质酸让这款商品脱颖而出。我在法国的皮肤专家向我推荐了这款眼霜，我用了差不多两年的时间，可以明显地看到我皮肤肌理的变化。

LA ROCHE-POSAY 去角质磨砂膏

一款温和细腻的面部磨砂膏。这是我的最新发现，可能是我用过最好的一款产品。

关于作者

艾莉森·沃尔什（Alyson Walsh）是一位自由时尚记者，同时也是著名博客That's Not My Age的作者。她为《英国卫报》、《英国金融时报》、*Saga Magazine*，以及allaboutyou.com撰稿。这位*Good Housekeeping*杂志的前时尚编辑深信时髦造型并不是年轻人的专利。

关于插画师

利奥·格林菲尔德（Leo Greenfield）曾在澳大利亚的维多利亚艺术学院学习艺术与时尚。他在澳大利亚和法国举办展览，还受邀参加悉尼、巴黎和伦敦国际时装周，并参与多本时尚杂志的工作。澳大利亚版*Vogue*，*Sunday Style*和*Cult Magazine*都有他的贡献。

感谢你们

我衷心地感谢所有订阅*That's Not My Age*博客的人们，非常感谢你们所做的贡献。感谢接受这本书采访的那些鼓舞人心的女性们。感谢我的好友艾玛·马斯登（Emma Marsden），她说服了我让我写完这本书，她坚定不移地鼓励与支持伴随始终。感谢我的领导凯瑟琳·博客索尔（Katharine Boxall）对我的支持以及她在逆境中乐观幽默的精神。谢谢维奇·本特利（Vicci Bentley）和莉雅·哈迪（Leah Hardy）精湛的文字和灵感；感谢布伦达·帕兰（Brenda Polan）和纳瓦兹·巴特利瓦拉（Navaz Baltiwalla）提出的专业意见和校对。感谢我的出版人——Hardie Grant出版公司的凯特·波拉德（Kate Pollard）以及她的宝贵建议，感谢利奥·格林菲尔德（Leo Greenfield）和他出色的插画作品。我还要向我亲爱的保罗（That's Not My Age先生）献上由衷的感谢，他是位杰出的主编，也是我最好的朋友。

没有他我不知道自己该何去何从。

我向在书中采用了引言的人和出版方表示感谢：

Guardian，前言处的艾玛·汤普森（Emma Thompson）引言

New York Times，“怎么才能走波西米亚风”一节中哈罗德·柯达（Harlod Koda）

Guardian，“六个前卫运动鞋运动鞋瞬间”一节中简·柏金（Jane Birkin）的引言

Saga Magazine，我对玛丽·贝莉（Mary Berry）的采访首次刊登于这本杂志

Yes Please，哈珀柯林斯出版社，“不要在意肉毒杆菌”

一节中艾米·波勒（Amy Poehler）的引言

Icons of Fashion， Prestel出版社，“一件精彩的外套”一节中普拉达的引言

Elle.com，“时尚而不陈腐的条纹衫：一节中让·保罗·高提耶（Jean Paul Gaultier）的引言

图书在版编目（C I P）数据
风格之书：写给所有年龄段女性的美丽秘诀 /（英）
艾莉森·沃尔什（Alyson Walsh）著；（英）利奥·格林菲尔德（Leo Greenfield）绘；
钱昊旻译. -- 重庆：重庆大学出版社，2021.7（2023.3重印）
（万花筒）
ISBN 978-7-5689-2676-8
Ⅰ. ①风… Ⅱ. ①艾… ②利… ③钱… Ⅲ. ①女性－服饰美
学－指南 Ⅳ. ①TS973.4-62
中国版本图书馆CIP数据核字（2021）第083046号

风格之书：写给所有年龄段女性的美丽秘诀
FENGGE ZHI SHU: XIE GEI SUOYOU NIANLINGDUAN NÜXING DE MEILI MIJUE
〔英〕艾莉森·沃尔什　著
〔英〕利奥·格林菲尔德　绘
钱昊旻　译

策划编辑：张　维
责任编辑：杨莎莎　　书籍设计：MOO Design
责任校对：王　倩　　责任印制：张　策

重庆大学出版社出版发行
出版人：饶帮华
社址：（401331）重庆市沙坪坝区大学城西路21号
网址：http://www.cqup.com.cn
印刷：天津图文方嘉印刷有限公司

开本：787mm × 1092mm　1/32　印张：5　字数：193千
2021年7月第1版　　2023年3月第2次印刷
ISBN 978-7-5689-2676-8　　定价：69.00元

Style Forever by Alyson Walsh
First published in the United Kingdom by Hardie Grant Books in 2015

版贸核渝字（2019）第 103 号